Kirill Koshelev

Perpetuum Mobiles of the Third Kind

Kirill Koshelev

Perpetuum Mobiles of the Third Kind

ScienciaScripts

Imprint

Cover image: www.ingimage.com

This book is a translation from the original published under ISBN 978-620-7-46442-5.

Publisher:
Sciencia Scripts
is a trademark of
Dodo Books Indian Ocean Ltd. and OmniScriptum S.R.L publishing group

120 High Road, East Finchley, London, N2 9ED, United Kingdom
Str. Armeneasca 28/1, office 1, Chisinau MD-2012, Republic of Moldova, Europe
Printed at: see last page
ISBN: 978-620-7-76773-1

Conteúdo

Prefácio 3
Capítulo 1 5
Capítulo 2 16
Capítulo 3 23
Capítulo 4 29
Capítulo 5 35
Capítulo 6 46
Bibliografia 49

Que bom que nos deparámos com um paradoxo. Agora temos alguma esperança de progredir.

Niels Bohr

Prefácio

Quando me falam em ciência moderna, imagino uma imagem sofisticada de universidades de renome, laboratórios, várias instituições e centros de investigação. Um olhar mais atento a esta imagem revela um formidável sistema de publicação e divulgação de resultados científicos. Tal como na política da vida real, as forças conservadoras na ciência impedem o aparecimento de novas ideias. E isso é uma coisa boa a fazer quando essa forma de comportamento desempenha o papel da navalha de Occam. Por outro lado, se isso for feito por interesses lucrativos ou de carreira, resiste ao progresso científico e pode até ser prejudicial para os académicos que se esforçam por pôr em prática essas novas ideias.

Algumas áreas da referida estagnação da ciência manifestam-se por concepções amplamente aceites que são compreendidas de forma insuficiente ou mesmo errada. Chamo a esses conceitos "perpetuum mobiles do terceiro tipo". À semelhança dos perpetuum mobiles do primeiro e segundo tipo em termodinâmica, o perpetuum mobile do terceiro tipo é algo que realmente não existe, mas que, de facto, não pode ser provado. Além disso, há muitos factos que atestam indiretamente a ausência da sua existência. Este livro narra histórias de pelo menos alguns desses objectos, bem como a minha explicação do que está "errado" com eles. De acordo com a epígrafe, gostaria que o meu leitor olhasse para as ideias propostas não como uma verdade evangélica, mas antes como o início de uma discussão frutuosa onde o núcleo racional será finalmente descoberto. O género do presente livro é mais a ficção científica, em que 70% da ciência é diluída em 30% da ficção. Por vezes, um dos perpetuum mobile transforma-se numa vaca sagrada com uma horda de fanáticos que o veneram. Um exemplo instrutivo de uma tal resistência da comunidade científica é dado pelo seguinte relatório de arbitragem ao meu artigo rejeitado com o título "Ab initio density functional for one-electron Schrodinger equation with Coulomb potential" submetido no Journal of Physics B em 2021 A.D. O excerto desse relatório diz: ". . . o autor não parece perceber o objetivo da teoria do funcional da densidade (DFT). É uma estrutura para tratar sistemas de muitas partículas em potenciais externos arbitrários. O presente manuscrito, no entanto, trata de um sistema de um eletrão com um potencial de Coulomb. Este é apenas um caso muito especial. Por conseguinte, o resultado do autor não pode ser considerado um "funcional de densidade" no sentido habitual da DFT, em que se consideram funcionais de energia que se mantêm para qualquer potencial ou número de partículas. O que o autor deriva é simplesmente o conhecido teorema virial da mecânica quântica. Não se trata de um resultado novo. Gostaria de salientar que as expressões gerais para o funcional de energia relativista foram apresentadas em Rajagopal, Journal of Physics C 11, L943 (1978). Estes funcionais relativistas foram longamente discutidos na literatura e não são novos."

Há muitos pontos intrigantes a destacar aqui. Parece que o nosso simpático árbitro trata a DFT como uma ferramenta da física estatística cujas fórmulas normalmente não são válidas para sistemas de uma só partícula. Isso não é correto, a DFT deve funcionar para qualquer quantidade de electrões, mesmo para um só. Depois, o árbitro afirma que um sistema de um só eletrão com um potencial de Coulomb é apenas um caso muito especial. Que maravilha que o gajo tenha conseguido perceber o título do meu artigo! O termo "sentido usual da DFT" só existe na cabeça dele. Para além disso, ele toma erradamente a prova de um facto com a ajuda do teorema de virial pela prova do próprio teorema de virial. Finalmente, no seu artigo, o Prof. Rajagopal prova uma generalização relativista do teorema de Hohenberg-Kohn. A sua publicação não contém nenhuma expressão analítica ab initio concreta para o funcional de energia, ao contrário da minha. A seguir, neste livro, apresentarei aos meus leitores a fórmula ab initio para o funcional da densidade de energia com qualquer potencial externo e qualquer número de electrões.

Vale a pena mencionar que me envolvi na investigação em DFT há muitos anos, nomeadamente em 2007, quando coloquei um rascunho do meu artigo com o título "Relativistic density functional theory" no arXiv. Nesse artigo apresentei uma fórmula ab initio para o funcional da densidade de energia relativista para um ião com potencial de Coulomb e alguns electrões. Após a sua publicação, recebi quase imediatamente um e-mail do Prof. Rajagopal, que obviamente se deparou com o meu guião na pesquisa do recurso. Rajagopal, que obviamente se deparou com o meu guião de pesquisa no recurso. Na sua carta, fornecia-me algumas referências aos seus próprios artigos sobre este assunto, para que eu pudesse concentrar a minha atenção neles. Agradeci-lhe a sua gentileza e perguntei-lhe se uma fórmula que eu tinha fornecido era um resultado novo para ele. Ainda não recebi qualquer resposta e este meu pedido, desde essa altura, continua sem resposta.

Capítulo 1

Teoria do funcional da densidade

1.1 Princípio da variação

Quase tudo o que é bom tem nome e apelido. Não sabemos o nome de um inventor de rodas, mas felizmente lembramo-nos do nome de um académico que inventou o cálculo das variações. O nome de Leonard Euler, cujo retrato é mostrado na Fig. 1.1, é bem conhecido de qualquer pessoa que esteja familiarizada com a matemática.

Figura 1.1: Leonard Euler (1707-1783)

O futuro inventor dos números complexos e autor de cerca de oitocentas publicações científicas nasceu em Basileia, na Suíça. No entanto, a maior parte da sua atividade científica teve lugar em São Petersburgo, Rússia, onde ocupou o cargo de professor na universidade e trabalhou também na Academia de Ciências de Petersburgo. A propósito, a famosa teoria dos grafos foi inventada por ele aqui em São Petersburgo, "nas margens" do rio Neva. É interessante referir que o jovem Euler não conseguia encontrar emprego na sua cidade natal e foi o convite da Academia de Ciências de Petersburgo que o ajudou muito. Sem essa posição, ficou apenas um "rabiscador", como escreveu numa carta a um amigo seu.

A sua realização mais importante no contexto atual é um cálculo de variações feito em 1744, quando trabalhava na Academia de Ciências de Berlim. Esta teoria matemática é um conjunto de ferramentas para encontrar os extremos de uma função. Podemos pensar num funcional como um integral de uma função qualquer. Existe uma analogia simples para encontrar um extremo de uma função e de um funcional. O extremo de uma função, ou seja, o mínimo ou o máximo, é dado por um número e o extremo de um funcional é dado pela sua função extremal. Os progressos da física demonstraram que este aparelho matemático é um instrumento extremamente frutuoso para explicar as propriedades dos átomos e dos corpos sólidos em geral. Todos os átomos existentes estão reunidos num "jardim zoológico" atómico, representado na Fig. 1.2, que se designa por tabela periódica dos elementos.

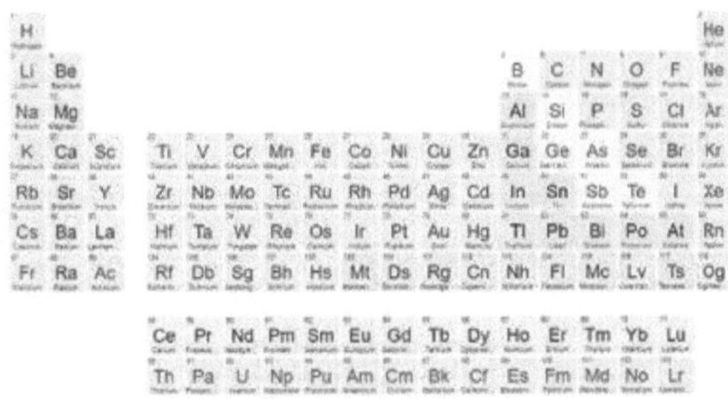

Figura 1.2: Tabela periódica dos elementos

A tabela periódica dos elementos foi descoberta em 1869 pelo químico russo Dmitry Mendeleev (cujo retrato está exposto na Fig. 1.3), juntamente com a lei periódica. O professor Mendeleev foi professor na Universidade de Petersburgo e membro da Academia de Ciências de Petersburgo, tal como Leonard Euler no seu tempo. Os elementos químicos ou átomos agrupados na tabela periódica são os "tijolos" de que é feita toda a matéria. De facto, isto não é bem verdade devido à existência da chamada matéria negra na astrofísica, de que falaremos mais adiante neste livro. No entanto, tudo o que observamos à nossa volta é basicamente feito de átomos. A tabela, para além do nome de um determinado elemento, inclui a sua massa, o número de protões no seu núcleo, o número de electrões constituintes e algumas outras propriedades.

Figura 1.3: Dmitry Mendeleev (1834-1907)

O próprio facto de existir uma tabela periódica era um forte argumento de que um átomo tem uma estrutura complexa. A dada altura, os cientistas aperceberam-se de que um átomo é constituído por um núcleo e por electrões. O próprio núcleo tem uma estrutura complexa e inclui protões e neutrões como ingredientes. No início do século XX, foram necessários muitos esforços para criar uma teoria que explicasse as propriedades das camadas electrónicas dos átomos. Foi Vladimir Fock, cujo retrato está exposto na Fig. 1.4, que formulou as suas famosas equações de mecânica quântica, que conhecemos atualmente sob o nome de equações de Hartree-Fock (por exemplo, ver o livro[1]).

Veneramos Vladimir Fock como um dos pais da mecânica quântica, juntamente com Albert Einstein, Niels Bohr, Ervin Schrodinger, Werner Heisenberg, Paul Dirac, Wolfgang Pauli e muitos outros. O Professor Fock foi professor na Universidade de Petersburgo e membro da Academia de Ciências de Petersburgo, tal como Leonard Euler e Dmitry Mendeleev antes dele. Os seus colegas apelidaram-no de "grande arma matemática", devido ao seu extremo poder matemático.

As equações de Hartree-Fock são uma pedra angular de toda a química quântica. É difícil sobrestimar a importância deste método de cálculo da estrutura eletrónica na ciência e na indústria. Com efeito, para prever o comportamento de moléculas de medicamentos, que na realidade não passam de aglomerados de átomos, as propriedades de novos materiais e os resultados de reacções químicas, aplicamos as equações de Hartree-Fock.

Figura 1.4: Vladimir Fock (1898-1974)

O matemático britânico Douglas Hartree escreveu a sua versão do sistema de equações para explicar a estrutura eletrónica dos átomos com base principalmente em considerações intuitivas. Em particular, não teve em conta o princípio de exclusão de Pauli. Foi Vladimir Fock que aplicou rigorosamente um princípio de variação à equação de Schrodinger de muitos electrões e deduziu assim equações, que mais tarde receberam o seu nome, ab initio. O seu ponto de partida foi a prova de que as referidas equações são, na realidade, equações de Lagrange de um qualquer funcional de energia.

1.2 Funcionais para um eletrão

Apesar do poder do método do campo autoconsistente, como as equações de Hartree-Fock são por vezes designadas, havia um sentimento de insatisfação na comunidade científica e de engenharia. A questão é que os cálculos da estrutura eletrónica consomem muitos recursos informáticos. O tempo de cálculo aumenta consideravelmente com o número de electrões no sistema físico. Para além disso, o método do campo autoconsistente representa apenas "80% da estrutura eletrónica no caso geral. Diz-se que o método dos campos autoconsistentes apenas inclui a chamada correlação estática dos electrões. A correlação dinâmica está fora do seu âmbito. Para ter em conta os efeitos da correlação dinâmica, são necessárias outras ferramentas, como a teoria das perturbações.

De qualquer modo, quanto mais refinados forem os efeitos ou quanto maior for a precisão que se pretenda atingir, mais tempo de computação será necessário. A história do cálculo de algumas características de um sistema físico, por exemplo um átomo, é a seguinte. Num primeiro momento, calcula-se a estrutura eletrónica do átomo com o método do campo autoconsistente e, num segundo momento, adicionam-se os efeitos de correlação obtidos com o método adequado, com base nos resultados do cálculo efectuado numa etapa anterior. Vale a pena mencionar aqui que os métodos para ter em consideração a correlação dinâmica são metodologicamente muito mais complicados e demorados do que o método de Hartree-Fock.

Pode imaginar-se o elevado grau de entusiasmo com que foi acolhido um novo método de cálculo da estrutura eletrónica. Um método metodologicamente ainda mais simples do que o de campo autoconsistente, mas que ao mesmo tempo incluía efeitos de correlações dinâmicas. Penso que já adivinharam que estou a falar da teoria funcional da densidade[2] . A DFT começou com uma prova do agora famoso teorema de Hohenberg-Kohn, que afirma que a energia de um sistema de electrões em estado ligado é um funcional da densidade eletrónica.

Parece um pouco bizarro, mas para além deste teorema a DFT não se pode gabar de mais nada. Não possui nem fórmulas funcionais ab initio concretas, nem sequer as suas propriedades! Os adeptos ardentes deste método operam com várias formas aproximadas de funcionais, que são basicamente produtos semi-empíricos da sua imaginação. O seu lema é "dê-me a forma exacta do funcional e eu forneço-lhe a estrutura eletrónica". As expectativas de uma nova abordagem eram tão elevadas que o segundo autor do referido teorema, Walter Kohn, foi galardoado com o Prémio Nobel da Química em 1998.

Parece que a primeira fórmula ab initio para o funcional da densidade de energia foi dada por Brack[3] com a utilização do teorema virial provado por Fock[1] para o caso da mecânica quântica. O ponto do teorema virial é uma restrição que tem alguns elementos de matriz para o estado limite. Brack aplicou o teorema virial a um estado limite de um eletrão relativista que obedece à equação de Dirac com o potencial de Coulomb de um núcleo. O Hamiltoniano da equação de Dirac pode ser escolhido da seguinte forma[4] (são usadas unidades atómicas):

$$\hat{h} = c(\vec{\alpha} \cdot \vec{p}) + eV + mc^2\beta, \qquad (1.1)$$

em que $V = -\frac{eZ}{r}$. é o potencial de Coulomb de um núcleo atómico, p é o operador de momento de um eletrão, Z é o número atómico, m e c são a massa do eletrão e a velocidade da luz no vácuo, respetivamente, e, finalmente, a e в são conjuntos de matrizes de Dirac 4 x 4

$$\vec{\alpha} = \begin{pmatrix} 0 & \vec{\sigma} \\ \vec{\sigma} & 0 \end{pmatrix}, \beta = \begin{pmatrix} I & 0 \\ 0 & I \end{pmatrix}. \qquad (1.2)$$

Para descobrir as funções próprias e as energias correspondentes, resolve-se a equação da função própria

$$\hat{h}\Psi = E\Psi, \qquad (1.3)$$

onde $\Psi = (\Psi(1), \Psi(2), \Psi(3), \Psi(4))^T$ é uma função de onda de quatro componentes e E é uma energia própria associada do eletrão. No artigo[3] demonstra-se que a aplicação do teorema virial à Eq.(1.3) produz a seguinte fórmula para o funcional da densidade relativista da energia

$$E = mc^2 \langle\Psi|\beta|\Psi\rangle = mc^2 \int |\Psi(1)|^2 + |\Psi(2)|^2 - |\Psi(3)|^2 - |\Psi(4)|^2 d\tau. \qquad (1.4)$$

Vale a pena mencionar aqui que o autor do trabalho[3] não percebeu o resultado que tinha recebido como um funcional de densidade. Outra coisa espantosa é que esta forma ab initio de um funcional foi encontrada quinze anos antes de o Prémio Nobel ter sido atribuído pela previsão da sua existência. E, analogamente, o teorema virial aplicado à Eq.(1.3) com o Hamiltoniano ao quadrado $\hat{h}^2$ produz[5,6]

$$E^2 = m^2c^4 + emc^2 \langle\Psi|V\beta|\Psi\rangle. \qquad (1.5)$$

Ambas as fórmulas dadas pela Eq.(1.4) e pela Eq.(1.5) representam funções de densidade de energia ab initio para um eletrão relativista no campo de Coulomb de um núcleo. Nenhuma delas tem extremos, claro, se for permitido um conjunto suficientemente extenso de funções para variação.

Ambos os funcionais relativistas acima referidos são deduzidos partindo do princípio que o potencial de ligação possui a seguinte propriedade $V(-x) = -V(x)$, ou seja, é homogéneo com grau menos um. O potencial de Coulomb satisfaz este critério. De seguida, apresentamos um exemplo de outro potencial, diferente do de Coulomb, que satisfaz a mesma condição:

$$V(x,y,z) \sim \frac{1}{\sqrt{ax^2+by^2+cz^2}},$$

onde $a = b = c$ são algumas constantes positivas. É evidente que o potencial acima não possui simetria esférica no caso geral. O engraçado é que todos os potenciais com a simetria acima referida representam um grupo (no sentido matemático), onde a operação de multiplicação de um grupo é uma operação de adição.

O nosso próximo passo é conceber um funcional que, ao contrário dos dados pelas Eq.(1.4) e Eq.(1.5), tenha características extremas. Além disso, vamos reescrever duas fórmulas para os nossos funcionais da seguinte forma

$$E = mc^2 \int n d\tau \qquad (1.6)$$

para o funcional Eq.(1.4) e

$$E^2 = m^2c^4 + emc^2 \int V n d\tau \qquad (1.7)$$

para o funcional Eq.(1.5) em que n é uma função de densidade. Então, um funcional de densidade em questão poderia ser moldado na seguinte construção:

$$F[n] = \frac{1}{mc^2}\left(mc^2\int n d\tau - \sqrt{m^2c^4 + emc^2\int V n d\tau}\right)^2 + \delta_{n,n_e} mc^2 \int n d\tau, \qquad (1.8)$$

onde n_e no símbolo do delta de Kronecker do segundo termo denota qualquer extremo do funcional dado pelo primeiro termo do funcional $F[n]$. É evidente que o primeiro termo do funcional $F[n]$ é apenas uma diferença dos funcionais dados pela Eq.(1.4) e pela Eq.(1.5) elevada à potência dois. O segundo termo é um produto do funcional dado pela Eq.(1.4) e pelo símbolo delta de Kronecker. Este termo é igual a zero para qualquer função que não seja um extremo do primeiro termo funcional da Eq.(1.8).

Para prosseguir, gostaríamos de encontrar a equação de Lagrange para o funcional $F[n]$. Para o fazer, devemos atribuir uma parte linear de um incremento funcional quando a função argumento é alterada, nomeadamente

$$F[n_e+\delta n]\sim\left(mc^2\int(n_e+\delta n)\,d\tau-\sqrt{m^2c^4+emc^2\int V(n_e+\delta n)\,d\tau}\right)^2.$$

Aplicando a equação anterior, é fácil chegar à seguinte fórmula para a derivada funcional

$$\frac{\delta F[n_e]}{\delta n}=2A-\frac{2B^2+AV(\tau_0)}{B}+V(\tau_0),$$

onde $A=mc^2\int n_e d\tau,\ B=\sqrt{m^2c^4+emc^2\int V n_e d\tau}$; e finalmente $V(\tau_0)$ é um valor do potencial num ponto *m0* especificado pelo suporte da função de variação *δn* que se supõe ser infinitesemal. Para avançar para a equação de Lagrange, igualamos uma derivada funcional a zero e, após simples manipulações algébricas, chegamos à seguinte equação

$$2B(A-B)=V(\tau_0)(A-B).$$

Aparentemente, a equação acima escrita só pode ter solução se $A = B$. Esta última condição fornece-nos a equação de Lagrange para o funcional $F[n]$, que pode ser finalmente escrita da seguinte forma

$$\left(mc^2\int n\,d\tau\right)^2=m^2c^4+emc^2\int Vn\,d\tau. \qquad (1.9)$$

As soluções da Eq.(1.9) representam extremos para o funcional $F[n]$. É fácil ver que todas as densidades reais, ou seja, as densidades correspondentes aos estados limite do sistema em questão, são soluções da Eq.(1.9). Neste caso particular, trata-se de uma equação de Kohn-Sham. Se olharmos para a definição de um funcional $F[n]$, vemos claramente que este funcional produz a energia do sistema para uma densidade apropriada, porque o primeiro termo é zero para essa densidade e o segundo fornece o próprio valor da energia. Finalmente, é óbvio que, da mesma forma, poderíamos conceber um número infinito de funcionais de energia com as propriedades extremas desejadas. Para este objetivo, basta transformar uma potência dois na fórmula do funcional $F[n]$ em qualquer número par superior a dois.

Apesar de a equação de Lagrange existir, dificilmente é possível utilizá-la para encontrar densidades reais de electrões. Acontece que a Eq.(1.9) tem demasiadas soluções. É claro que entre elas há soluções físicas, como foi demonstrado acima, mas ao mesmo tempo há muitas que não têm qualquer significado físico. Isto é uma consequência direta da ausência de uma derivada no funcional, o que faz com que não se aplique o teorema de Cauchy, que desempenha um papel seletivo nas soluções.

1.3 Funcionais para muitos electrões

Da mesma forma que foi mencionado na secção anterior, é possível obter uma fórmula ab initio para um aglomerado de átomos. Além disso, será então demonstrado que o potencial de interação com o núcleo pode ser escolhido de qualquer forma e não apenas de Coulomb. As nossas outras especulações estão de acordo com um princípio de variação e com o método do teorema virial abordados num livro[1]

. Adoptemos o seguinte operador para um Hamiltoniano multi-eletrão para um sistema de N electrões em movimento no potencial de Coulomb de alguns núcleos atómicos

$$\hat{H} = \sum_i c\,(\vec{\alpha}_i \cdot \vec{p}_i) + \frac{1}{2}\sum_{i,j} \frac{e^2}{|\vec{r}_i - \vec{r}_j|} - \sum_{i,k} \frac{Z_k e^2}{\left|\vec{r}_i - \vec{R}_k\right|} + \sum_i mc^2 \beta_i, \qquad (1.10)$$

onde as somas sobre i e j abrangem os electrões e o índice k os núcleos. A energia própria de um sistema de electrões com função de onda Ψ é dada pelo elemento da matriz

$$E = \langle \Psi | \hat{H} | \Psi \rangle = T + U_1 + U_2 + U_3, \qquad (1.11)$$

onde denotámos por T, U_1, U_2 e U_3 a contrubuição num elemento de matriz de diferentes termos na Eq.(1.10). Para prosseguir, introduzimos uma função de onda modificada com um parâmetro numérico positivo λ

$$\Psi(\lambda) = \lambda^{\frac{3N}{2}} \Psi(\lambda\vec{r}_1, \lambda\vec{r}_2, \ldots, \lambda\vec{r}_N).$$

O leitor deve notar que a função de onda experimental escrita acima. $\Psi(\lambda)$ mantém uma condição de normalização. Inserindo esta função experimental no elemento da matriz dada pela Eq.(1.11) obtém-se

$$E(\lambda) = \lambda T + \lambda U_1 + U_2(\lambda) + U_3. \qquad (1.12)$$

Vamos igualar a zero uma derivada da energia modificada quando $\lambda = 1$. Esta operação produz

$$E'(\lambda)|_{\lambda=1} = T + U_1 + U_2'(\lambda)|_{\lambda=1} = 0, \qquad (1.13)$$

onde se toma em consideração o facto de uma função experimental $\Phi(A)$ se transformar numa função de onda real quando $\lambda = 1$. Como consequência, chegamos à seguinte condição

$$T = -U_1 - U_2'(\lambda)|_{\lambda=1}. \qquad (1.14)$$

Finalmente, substituindo T na Eq.(1.11) com a ajuda da Eq.(1.14) obtém-se a fórmula

$$E = U_2 - U_2'(\lambda)|_{\lambda=1} + U_3. \qquad (1.15)$$

O que está escrito acima na Eq.(1.15) representa o funcional da densidade de energia relativista ab initio para N electrões, onde o princípio de exclusão de Pauli está incluído. Aparentemente, pode-se empregar qualquer potencial de núcleos incorporado no termo U_2 , não apenas um potencial de Coulomb. Para terminar, escrevemos a seguir uma fórmula de desdobramento em que se aplica o potencial de interação de Coulomb com os núcleos

$$E = \left\langle \Psi \left| \sum_i mc^2 \beta_i - \sum_{i,k} \frac{Z_k e^2 \left(\vec{r}_i - \vec{R}_k, \vec{R}_k\right)}{\left|\vec{r}_i - \vec{R}_k\right|^3} \right| \Psi \right\rangle. \qquad (1.16)$$

É fácil ver que, quando temos apenas um eletrão e toda a carga eléctrica dos núcleos está concentrada na origem do sistema de coordenadas, a Eq.(1.16) coincide com a Eq.(1.4).

1.4 Limite não-relativístico

Todos os funcionais recebidos até este ponto são essencialmente relativistas, derivados da equação de Dirac. Por um lado, o caso relativista inclui o não-relativista, de alguma forma todos os sistemas físicos são relativistas. Parece não haver necessidade de procurar um limite não relativista $(c \to \infty)$. Por outro lado, é muito apelativo observar um funcional não relativista, porque inicialmente o teorema de Hohenberg-Kohn foi formulado para a equação de Schrodinger. A outra razão é que a função de onda da equação de Dirac tem quatro componentes, o que torna a sua interpretação muito mais complicada.

Vamos então encontrar o limite não-relativístico para o funcional dado pela Eq.(1.5). Já temos muitas fórmulas para funcionais de densidade, mas nem todas possuem um limite não-relativístico que também é um funcional de densidade. Como foi mostrado num livro[6] a combinação da condição de normalização para a função de onda e a Eq.(1.4) permite deduzir as seguintes propriedades

$$E_b = -2mc^2 \int |\Psi(3)|^2 + |\Psi(4)|^2 d\tau \qquad (1.17)$$

E

$$mc^2 + \frac{1}{2}E_b = mc^2 \int |\Psi(1)|^2 + |\Psi(2)|^2 d\tau, \qquad (1.18)$$

em que $E_b = E - mc^2$ é a energia de ligação do eletrão. Tendo em conta o facto de a energia de ligação ser finita no limite não relativista e as fórmulas Eq.(1.17) e Eq.(1.18), pode ver-se facilmente que, no limite não relativista, a densidade $|\Psi(3)|^2 + |\Psi(4)|^2$ vai para zero e a densidade $|\Psi(1)|^2 + |\Psi(2)|^2$ transforma-se numa função de densidade adequadamente normalizada para o eletrão que obedece à equação de Schrodinger. Assim, estamos agora numa boa posição para encontrar um limite. Reformulemos a Eq.(1.5) da seguinte forma

$$\begin{aligned} m^2c^4 + 2mc^2E_b + E_b^2 = m^2c^4 + emc^2 \int V\left(|\Psi(1)|^2 + |\Psi(2)|^2\right) d\tau \qquad (1.19) \\ -emc^2 \int V\left(|\Psi(3)|^2 + |\Psi(4)|^2\right) d\tau. \end{aligned}$$

Olhando para a Eq.(1.19), vemos que o primeiro termo na parte esquerda da equação anula a sua contra-parte na parte direita. Depois, a contribuição do terceiro termo da parte esquerda é zero no limite não relativista. Finalmente, chegamos à seguinte equação para o funcional da densidade totalmente não relativista

$$E_b = \frac{e}{2} \int V n_\infty d\tau = \frac{e}{2} \langle \Psi_\infty | V | \Psi_\infty \rangle, \qquad (1.20)$$

em que Ψ_∞ x . é uma função de onda de Schrodinger devidamente normalizada (ver Eq.(1.21)) e $n_\wedge$ é a densidade eletrónica correspondente,

$$\left(-\frac{\hbar^2}{2m}\Delta + eV\right)\Psi_\infty = E_b\Psi_\infty, \qquad (1.21)$$

onde $\Delta = \frac{\partial^2}{\partial x^2} + \frac{\partial^2}{\partial y^2} + \frac{\partial^2}{\partial z^2}$ é um operador de Laplace. A Eq.(1.20) foi obtida como resultado do limite norelativístico. Foi feito aqui com um objetivo instrutivo, porque o mesmo resultado poderia ser obtido pela aplicação direta do teorema virial à equação de Schrodinger.

Até agora já recebemos uma série de funcionais ab initio. Todos os funcionais são válidos para qualquer estado ligado (tanto no estado fundamental como no estado excitado), e não apenas para o estado fundamental, como foi o caso na condição da prova do teorema de Hohenberg-Kohn. Uma vez que a ligação do estado eletrónico é um ponto de partida para os teoremas virial e de Hohenberg-Kohn, parece que este último é apenas mais uma mani- festação do anterior.

Como já foi referido, nenhum dos funcionais obtidos pode ajudar a encontrar uma densidade eletrónica física. A equação de Kohn-Sham Eq.(1.9) recebida para o funcional Eq.(1.8) tem demasiadas soluções. A maioria destas soluções não são físicas. O interessante é que a equação obtida não é linear. Assim, de um modo geral, parece que o funcional "correto", nomeadamente aquele que dá apenas soluções físicas e que os fervorosos patriotas da DFT procuram, está cada vez mais escondido para lá do horizonte. As palavras como: "de certeza que existe um funcional correto para muitos electrões, com qualquer potencial externo, com propriedades extremas ou não relativistas" são desculpas esfarrapadas porque todos estes funcionais já foram concebidos.

A fórmula Eq.(1.16) contém muitas funções de onda electrónicas. Por sua vez, estas funções satisfazem as condições de simetria ou o princípio de Pauli. Assim, a imposição deste princípio não é garantida pela forma matemática de um funcional. Isto significa que a existência de um potencial de correlação, amplamente utilizado na DFT, é altamente questionável e que a sua existência deve ser provada antes de o procurar numericamente.

Capítulo 2

Modelo de electrões divididos

2.1 Formulação do problema

Uma vez perguntei a mim próprio o que é uma partícula elementar. À primeira vista, é fácil dar uma resposta. Uma partícula elementar é um pedaço de matéria muito pequeno. Mas a matéria pode ser de diferentes tipos. Por exemplo, uma pequena carga eléctrica é um pedaço de matéria e uma pequena massa é um pedaço de matéria. Mas se, por um lado, observamos na realidade partículas elementares maciças sem carga, por outro lado, as partículas sem massa com carga eléctrica ainda não foram descobertas. O que torna o problema ainda mais interessante é a existência de partículas elementares não observáveis em estado livre (devido ao confinamento), como os quarks. Estes são constituintes dos nucleões e têm uma carga eléctrica que é uma fração da carga eléctrica elementar. À semelhança da vida comum, em ciência funciona a regra não escrita, segundo a qual é possível tudo o que não é proibido. É por isso que é conveniente adotar uma definição de partícula elementar como um pequeno pedaço de matéria de qualquer tipo, independentemente das suas outras propriedades. Teremos em conta esta definição quando fizermos as nossas experiências "gedanken".

Outra questão intrigante é se é possível escolher uma partícula elementar como corpo de referência para um quadro de referência. Se a resposta for positiva, a questão seguinte é saber como é que um objeto sem coordenadas rigorosamente definidas (que aparecem após a medição) pode servir de corpo de referência. Se a resposta for negativa, então podemos perguntar o que mais poderia ser um corpo de referência se não temos mais nada no mundo, exceto as partículas elementares de que tudo é feito. No entanto, respondemos positivamente a esta pergunta e utilizaremos uma partícula elementar como corpo de referência nas nossas especulações futuras.

As partículas elementares obedecem às leis da mecânica quântica. Algumas são formuladas de forma qualitativa. A mais famosa delas é o princípio da incerteza de Heisenberg, que restringe os valores possíveis das coordenadas conjugadas e das projecções de momento

$$\Delta x \Delta p_x \sim \hbar.$$

Recorrem frequentemente ao princípio da incerteza para explicar o facto de um eletrão não cair no núcleo atómico. Apresentam o seguinte argumento. Se fosse possível que um eletrão caísse no núcleo, ambas as incertezas da equação acima seriam iguais a zero.

As mesmas especulações são aplicáveis à carga eléctrica pontual e à massa pontual do eletrão, se as considerarmos como partículas elementares. Assim, de acordo com esta ideia, vamos selecionar uma das nossas partículas como corpo de referência para o nosso novo referencial e observar a outra partícula deste ponto de vista. As incertezas para a segunda partícula são zero porque a sua localização coincide com o corpo de referência do nosso novo referencial. Chegamos a uma contradição com o princípio da incerteza.

Para resolver esta contradição, podemos aceitar a ideia de que a massa e a carga do eletrão não estão localizadas num único ponto do espaço. Pelo contrário, comportam-se como duas partículas elementares efectivas. Esta é a definição de um modelo de electrões divididos (SEM).

2.2 Ligação à teoria atómica

Há alguns factos provenientes da teoria do átomo que apoiam o SEM. As fórmulas fornecidas pelas Eq.(1.17) e Eq.(1.18) dividem a energia total do eletrão relativista em duas partes. São elas $mc^2 + E_b/2$ e $E_b/2$. Assim, no quadro do SEM, o primeiro termo deve ser atribuído a uma partícula maciça sem carga e o segundo a uma partícula sem carga. A própria energia de ligação é dividida igualmente entre as partículas. Esta é uma manifestação do facto de a energia ser distribuída uniformemente pelos graus de liberdade do sistema físico, de acordo com um teorema clássico. Além disso, significa que a energia de interação entre dois subsistemas é nula, ou seja, não existe qualquer interação de forças.

A consequência imediata do SEM é que a velocidade de uma das partículas constituintes é igual a c (velocidade da luz no vácuo) como a da partícula com massa de repouso nula. Com efeito, é bem sabido que a velocidade formal do eletrão obtida a partir da equação de Dirac é c, porque os números próprios de cada componente do operador ca são $\pm c$. *Assim,* este fenómeno, proclamado como um artefacto pela teoria da transformação de Foldy-Wouthuysen, adquire um raciocínio natural com a ajuda do MEV.

O Lagrangiano de interação dos campos L_I na eletrodinâmica quântica tem o seguinte aspeto $L_I \sim \int(\vec{j}\cdot\vec{A})d\tau,$ dm, onde $\vec{A}$ é um operador potencial vetorial do campo eletromagnético e $\vec{j} = \Psi^+ c\vec{\alpha}\Psi$ é um operador de corrente das partículas carregadas. Literalmente, um operador de corrente é um operador de velocidade para um eletrão ensanduichado entre dois operadores de campo do eletrão-pósitron.

Outra caraterística interessante do modelo é a exposição de um mecanismo que impede que dois electrões tenham os mesmos números quânticos ou, por outras palavras, possuam a mesma função de onda (princípio de exclusão de Pauli). Vamos supor que temos dois electrões que possuem as mesmas funções de onda. O nosso objetivo é entrar em contradição com esta afirmação se os nossos electrões obedecerem ao modelo de duas partículas, introduzido acima. É natural dizer que se as funções de onda de dois electrões coincidem, estes dois corpos permanecem em repouso relativamente um ao outro. Ficar em repouso significa ter uma velocidade igual a zero no referencial em que um dos corpos é escolhido como referencial. Escolhamos uma partícula sem massa do primeiro eletrão como corpo de referência do nosso novo referencial e olhemos, a partir desta perspetiva, para a partícula sem massa do segundo eletrão. O operador da velocidade desta partícula é *ca de* acordo com a nossa interpretação. Cada componente da matriz deste operador tem números próprios $\pm c$ (não há nenhum número próprio nulo!). Além disso, as suas projecções não comutam, isto é $[\alpha_i, \alpha_j] \neq 0$: sujeito a $i \neq j = 1,2,3.$ Todos estes argumentos significam que não existe um vetor próprio correspondente a um número próprio nulo nem um número próprio nulo. E, consequentemente, não existe um vetor que apresente um estado de repouso no referencial escolhido. Chegamos a uma contradição.

Até à data, não foi provado o limite não relativista do teorema de Pauli (relação estatística do spin). Na mecânica quântica, o princípio de Pauli é um postulado. O SEM deixa bem claro porque é que não existe um limite não relativista para o teorema de Pauli. A razão para isso é a mesma pela qual esse limite não existe para as equações de Maxwell. As partículas que se movem à velocidade da luz, como os fotões, não podem ser consideradas não-relativistas em nenhuma circunstância.

2.3Ligação à teoria quântica dos campos

A teoria das cordas é considerada como um potencial candidato à posição de teoria de tudo. A sua missão é unir todos os tipos de forças físicas conhecidas numa só e fornecer uma explicação para questões tão formidáveis da física moderna como a origem e o valor das constantes fundamentais, o espetro de massa das partículas elementares, a quebra de simetria no limite de baixa energia, o destino e o passado do nosso universo, etc.

Uma corda é um novo objeto fundamental que se destina a substituir concetualmente uma partícula elementar na teoria quântica convencional. Assim, na teoria das cordas, é uma corda que desempenha um papel de base de tudo e aparece como uma partícula elementar convencional no limite de baixa energia. A teoria das cordas ainda está longe de estar concluída e muitos esforços estão a ser feitos para encontrar provas experimentais das suas previsões. Este testemunho empírico poderia ser muito útil não só para o avanço da ciência, mas também para apoiar a própria ideia da existência das cordas. Em particular, a observação da unificação super-simétrica de quatro tipos conhecidos de forças físicas a alta energia é considerada uma das experiências mais promissoras. Por outro lado, é altamente desejável obter resultados de apoio também no limite de baixa energia, porque esse tipo de testes parece mais viável.

O SEM representa duas partículas efectivas, nomeadamente a massa sem carga e a carga sem massa. Aparentemente, estas partículas não interagem com nenhuma força do modelo padrão (i.e. fraca, forte, electromagnética). O único candidato que resta é uma força gravitacional ou cordas. É a gravitação ou as cordas, se preferir, que mantêm os ingredientes do eletrão juntos, claro, se aceitar o MEV.

O modelo padrão aplica um procedimento de renormalização para se livrar das divergências no ultravioleta. A renormalização no contexto da eletrodinâmica quântica (QED) significa alterar os valores da carga e da massa elementares. Estas constantes fundamentais são multiplicadas por factores infinitos durante a renormalização. A teoria da DEQ admite implicitamente a existência de alguma redundância no seu interior. É esta redundância que é eliminada durante a renormalização. O SEM atribui a natureza deste fenómeno à estrutura do eletrão de duas partículas, das quais apenas uma tem carga eléctrica. Assim, a inclusão de uma corrente extra de partículas massivas na Lagrangiana de interação dos campos L_I produz divergências ultravioletas.

Um problema formidável e não resolvido da teoria das cordas é o mecanismo de quebra de simetria no limite de baixa energia. No entanto, este problema parece-nos muito familiar, não é verdade? Vejamos o limite não-relativístico da mecânica quântica relativista. Tecnicamente, trata-se de uma transição da equação de Dirac para a equação de Schrodinger. A equação de Dirac é relativista e o grupo de Lorentz representa a sua simetria. A equação de Schrodinger é uma equação não relativista com o grupo de simetria de Galileu. Para além disso, a equação de Schrodinger de muitos corpos deve ser equipada com o princípio de exclusão de Pauli, que é impossível de provar no limite não relativista.

Aparentemente, este exemplo expõe um mecanismo de quebra de simetria. Não existe um limite não relativista suave e o SEM apresenta uma razão para esse facto.

2.4 Estado experimental

O modelo do eletrão introduzido acima permite algumas formas de verificação. A mais natural é uma experiência com átomos ou iões altamente carregados. [4] De acordo com a SEM, toda a densidade eletrónica é dividida em densidade de carga eléctrica e densidade de massa. Ao contrário da MEV, a teoria clássica considera estas distribuições de densidade iguais, porque um eletrão, do ponto de vista da teoria, é uma partícula em que a carga eléctrica pontual e a massa do eletrão pontual estão coladas uma à outra num local do espaço. É a deteção de uma diferença nas referidas distribuições de densidade que pode ajudar a "provar" o modelo.

A outra forma de apoiar o modelo vem da cosmologia (ver Fig. 2.1). O objeto de interesse da cosmologia é o nosso universo como um todo. A pedra angular da cosmologia é a teoria da relatividade geral ou teoria relativista da gravitação de Einstein. A teoria da gravitação ainda não está terminada e não está incluída no modelo padrão. Diz-se que não é renormalizável ou, por outras palavras, que nem sequer as equações da teoria quântica da gravitação estão estabelecidas. De facto, encontrar o que está errado aqui é o problema mais sério da física teórica moderna.

Figura 2.1: Westerlund 2 (https://hubblesite.org/mission-and-telescope/ hubble-30th-anniversary/iconic-images)

Entre os muitos enigmas deste ramo da ciência, há dois que se destacam verdadeiramente. Têm o nome de matéria negra e energia negra. O termo "escura" simboliza o facto de ninguém saber realmente de que são feitas. A realidade por detrás delas é o facto de representarem a maior parte da matéria do universo. A matéria escura aparece como uma perturbação para o movimento de objectos observáveis maciços do cosmos. Por outro lado, ela própria não emite nem reflecte luz, razão pela qual não a vemos.

Acontece que o nosso universo está a expandir-se. E está a expandir-se com aceleração. A descoberta deste facto levou os cientistas a anunciar a existência de "algo" (mais tarde designado por energia escura) para explicar este efeito. Qualquer que seja a origem da energia escura, ela cria uma pressão e o nosso universo expande-se como um balão de ar.

Assim, temos duas substâncias para explicar. Elas possuem características bastante invulgares. Parece que não podem ser deduzidas de um material normal. Muitas ideias foram propostas para encontrar uma solução, desde a simples introdução de uma constante cosmológica na equação do movimento até à invenção de novos tipos de partículas elementares e de forças físicas através das quais interagem. O que gostaríamos de fazer aqui é apresentar uma nova solução nesta linha. Antes de mais, recordemos o aspeto do espetro de energia dos electrões da equação de Dirac para o átomo de hidrogénio (ver Fig. 2.2).

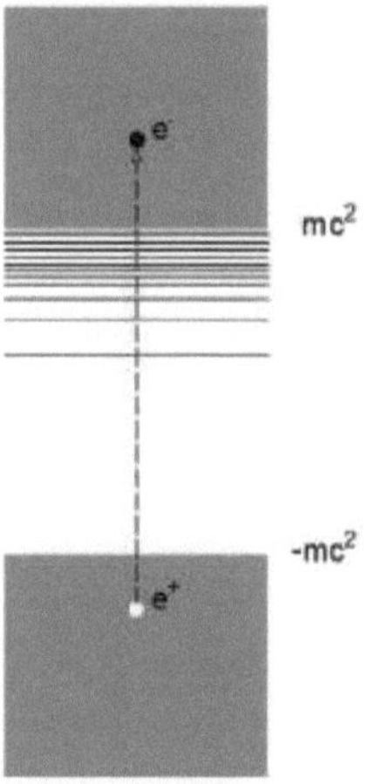

Figura 2.2: Espectro de energia do átomo de hidrogénio e mecanismo de criação do par eletrão-pósitron. As partes do espetro contínuo estão hachuradas. O processo de excitação é representado por uma seta a tracejado.

O espetro do átomo de hidrogénio é constituído por três partes, nomeadamente dois ramos do espetro contínuo e um espetro discreto que corresponde aos estados ligados do eletrão. O espetro discreto é também designado por espetro linear. A gama de níveis contínuos positivos de energia estende-se de mc^2 *até* $+\infty$. A gama de níveis contínuos negativos de energia estende-se de $-\infty$ até $-mc^2$.

Quando a equação de Dirac foi formulada e as suas propriedades foram investigadas, surgiu a questão natural do significado físico de uma parte negativa do seu espetro. A questão é que um eletrão num sistema com este tipo de espetro tenderia a ocupar o nível de energia mais baixo. Como evitar que um eletrão sofra este tipo de "colapso"? A solução surge com a descoberta de um positrão. O positrão é uma partícula elementar semelhante ao eletrão, exceto pelo facto de ter uma carga eléctrica positiva, ao contrário do eletrão, que tem uma carga negativa. Diz-se que a equação de Dirac rege o campo eletrão-positrão. Assim, diz-se que todos os estados com energia negativa estão cheios de electrões. Nenhum eletrão real sente este fundo uniformemente carregado. A queda de um eletrão de qualquer nível de energia positiva é proibida pelo princípio de Pauli. O positrão passa a existir juntamente com o seu homólogo, o eletrão. Diz-se que nasce o par eletrão-positrão. Este mecanismo é explicado na Fig. 2.2, onde um eletrão do mar preenchido ou do fundo é excitado para um estado de energia positivo. O que resta no mar de electrões é um buraco. Este buraco com carga positiva representa um positrão.

Assim, a teoria diz que todos os jogos do mundo físico são jogados sobre o fundo do mar de electrões. Este mar é invisível porque os electrões estão uniformemente espalhados pelo espaço. Mas como é que esta imagem muda se lhe acrescentarmos SEM? Neste caso, as massas pontuais de electrões já não são obrigadas a estar no mesmo lugar que as suas contrapartes. A massa de electrões pode concentrar-se noutro local, dando origem a uma massa escura. Uma enorme quantidade de carga eléctrica poderia explicar a pressão a que chamamos energia escura, porque as cargas eléctricas da mesma polaridade se repelem.

Um ponto interessante a mencionar aqui é o seguinte. Mesmo que a explicação acima apresentada sobre as origens do material escuro não tenha nada a ver com a realidade, a teoria prospetiva da gravitação deve ter em consideração o fundo eletrónico mencionado anteriormente. O fundo só é invisível se o tamanho do universo e o número de electrões que o constituem forem infinitos. Mas o facto é que o volume do nosso mundo físico é limitado, bem como a quantidade de matéria nele existente. Assim, as correcções adequadas devem ser feitas de qualquer forma.

Capítulo 3

Interpretação da função de onda

3.1 Mistério da função de onda

Desde a descoberta da mecânica quântica, a discussão sobre a sua interpretação não pára. Um dos seus pais, Albert Einstein, manteve-se até aos seus últimos dias em forte oposição a esta explicação estocástica padrão. É bem conhecida a sua famosa frase "Deus não joga aos dados". Esta frase foi contra-argumentada por Niels Bohr, que respondeu que não se devia dizer a Deus o que ele devia fazer. De facto, o que há de errado em lançar dados? Porque é que o conceito de natureza inerentemente probabilística dos processos microscópicos é tão pouco apropriado para muitos representantes da comunidade científica, ainda hoje? Para esclarecer este problema formidável, devemos regressar aos primórdios da mecânica quântica.

Consideremos uma famosa experiência de dispersão de um feixe de electrões em duas fendas, que demonstra claramente a natureza dualista do comportamento das partículas elementares. Esta capacidade de as partículas elementares apresentarem simultaneamente as propriedades de onda e de partícula é designada por dualismo onda-partícula. Por um lado, temos uma partícula que atinge o ecrã num determinado momento e, por outro, temos uma onda que atravessa as fendas devido aos efeitos de difração e interferência. Para que haja interferência é necessário que um eletrão (partícula localizada no espaço) passe pelas duas fendas simultaneamente ou por uma fenda após a outra. A física clássica não consegue explicar os pormenores deste processo e é neste ponto que a onda de probabilidade entra em jogo.

A função de onda ou onda de probabilidade surge como um novo objeto fundamental, que combina as propriedades da partícula e da onda numa só. Tendo em conta que as propriedades da onda e da partícula são contraditórias (por exemplo, a partícula está localizada no espaço, ao contrário da onda que ocupa todo o espaço), este compromisso tem um preço elevado. O preço que pagamos é a aceitação da probabilidade como uma propriedade fundamental da matéria. É importante sublinhar aqui a diferença entre os conceitos de probabilidade clássica e de mecânica quântica. A probabilidade clássica reflecte a nossa falta de conhecimento de toda a informação relativa ao processo estocástico. Por exemplo, se conhecermos a posição inicial do dado e as forças que actuam sobre ele, podemos prever com certeza o resultado do lançamento. A mecânica quântica afirma que essa informação simplesmente não existe para processos microscópicos envolvendo partículas elementares. Para a física clássica, empregar o conceito de probabilidade é apenas uma ferramenta conveniente que, na verdade, deixa intocados os fundamentos da ciência. Para a mecânica quântica, trata-se de uma nova propriedade fundamental de natureza algo mística.

Para comparar as previsões da mecânica quântica com os resultados experimentais, aplica-se a conhecida regra de Born, ou seja, o módulo da função de onda elevado à potência dois representa uma distribuição de probabilidades. Esta é uma interpretação padrão da função de onda para a mecânica quântica. A explicação do significado da função de onda em si mesma está ausente. No entanto, é a função de onda que obedece ao princípio da sobreposição (que permite que a equação de Schrodinger seja linear), um dos princípios fundamentais da mecânica quântica.

Os problemas acima referidos podem ser considerados como inconvenientes estéticos. Mas, infelizmente, a história não acaba aí. O conceito de probabilidade na mecânica quântica dá origem ao chamado problema do "observador". A questão é que, se o mundo for constituído apenas por objectos da mecânica quântica, a explicação das suas propriedades é impossível. Um observador é alguém que efectua medições num sistema mecânico quântico com instrumentos clássicos. Faz os mesmos testes num determinado sistema várias vezes e recolhe dados estatísticos. Estes dados devem ser comparados com as previsões teóricas. No laboratório, não há problema em efetuar tais testes, mas imaginemos que queremos explicar a evolução do Universo logo após o Big Bang. Aparentemente, não há lugar para o observador e até para o próprio observador. Para além disso, não podemos criar um universo algumas vezes no laboratório para descobrir a probabilidade da sua configuração particular.

Estas e outras questões encorajaram os físicos a procurar teorias que dessem interpretação aos factos empíricos e, ao mesmo tempo, evitassem a introdução da probabilidade como uma propriedade fundamental da matéria. Estas construções receberam o nome de teorias de parâmetros ocultos. As desigualdades de Bell são bem conhecidas[7] e a sua verificação experimental fornece um forte argumento de que tais teorias não existem. Para ser mais preciso, a verificação das desigualdades de Bell obriga-nos a rejeitar o realismo ou a localidade, duas propriedades básicas que as partículas elementares devem possuir de acordo com o senso comum. A rejeição da localidade significa, em particular, a capacidade de os objectos físicos interagirem instantaneamente através do espaço.

3.2Conceito de tempo oculto

Um facto bem conhecido da mãe natureza é que todos os processos físicos evoluem no espaço e no tempo. Existem muitos postulados na física, por exemplo, o postulado da teoria da relatividade especial afirma que a velocidade da luz no vácuo é uma constante, mas alguns deles são implícitos. Os cientistas admitem implicitamente que o número cardinal para qualquer segmento de tempo é um número cardinal do continuum. Por outras palavras, significa que para qualquer momento do tempo pode ser atribuído um número real.

Vamos supor que isto não está correto e que o número cardinal do tempo é maior do que o contínuo. O que observaríamos se observássemos a evolução de um sistema físico no tempo (com um número cardinal maior) com o uso do nosso relógio normal (onde o tempo tem um número cardinal de contínuo)? Devido aos diferentes números cardinais, é impossível mapear um conjunto para outro. Além disso, a cada momento de tempo medido com o nosso relógio normal corresponde um conjunto infinito de momentos de tempo real (ver Fig. 3.1), numerando os estados do sistema físico em evolução.

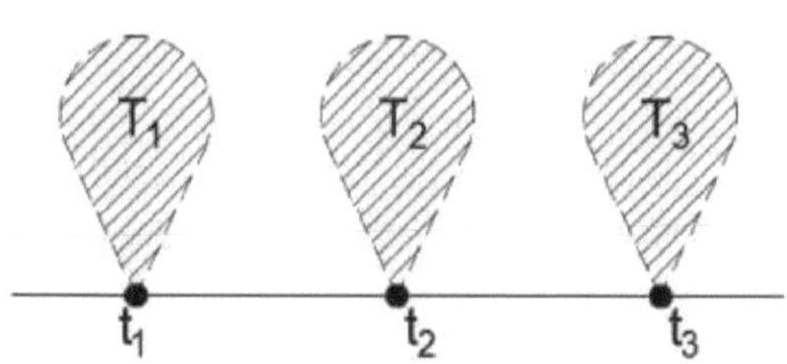

Figura 3.1: Eixo do tempo, onde três momentos particulares do tempo t_1, t_2, t_3 são acompanhados por extensões de conjuntos de tempo ocultos T_1 , T_2 , T_3 (mostrados como áreas hachuradas) em conformidade.

Somos tentados a chamar a estas "lagoas" de tempo real correspondentes ao tempo medido por um relógio normal um tempo oculto. Este tempo é oculto na medida em que o nosso relógio normal não é suficientemente sensível para o medir. Se dispuséssemos de um relógio com um maior número cardinal de escala, o tempo oculto tornar-se-ia comum. Por outro lado, o tempo oculto numera os estados do sistema físico. Como consequência, há muitos estados do sistema físico que correspondem a qualquer momento particular do tempo regular. Um observador tem a capacidade potencial de ver diferentes estados do sistema físico medidos num mesmo momento particular do tempo regular.
Agora vemos claramente que o conceito de tempo oculto explica a possibilidade de o experimentador observar resultados diferentes da mesma experiência, medidos no mesmo momento do tempo. Podemos pensar, por exemplo, na medição da posição de um eletrão no espaço. Assim, o modelo do tempo oculto esclarece o motivo pelo qual um eletrão não possui qualquer trajetória, ou seja, o motivo pelo qual a medição da sua posição no espaço no mesmo momento produz resultados diferentes. Voltando à experiência de dispersão de um eletrão em duas fendas, podemos dizer que um eletrão passa por duas fendas em momentos diferentes do tempo oculto, mas que correspondem ao mesmo momento do tempo regular. Em geral, quaisquer acções que ocorram em diferentes momentos do tempo oculto (mas todas correspondendo ao mesmo momento do tempo regular) parecem síncronas para o observador.

É bastante natural introduzir uma medida μ do tempo oculto. Em geral, a medida é, por definição, uma função de um conjunto, que dá um "número" de elementos desse conjunto. No caso trivial de um conjunto finito, é literalmente um número de elementos. A medida é, por definição, uma função linear. Agora estamos prontos para dar a nossa definição de função de onda. Nomeadamente, a função de onda de um eletrão é uma medida do tempo oculto

$$\Psi(x,y,z,t) \overset{\text{def.}}{=} \mu.$$

De acordo com esta definição, um valor da função de onda num determinado ponto do espaço-tempo especifica a quantidade de tempo oculto que um eletrão passa na vizinhança desse ponto. O princípio da sobreposição é uma consequência direta desta definição, porque a medida é uma função linear de um conjunto. Ao definir a função de onda como uma medida do tempo oculto, chegamos naturalmente à interpretação estocástica da mecânica quântica.
O passo seguinte é mostrar por que razão o módulo da função de onda elevado à potência dois fornece uma distribuição de densidade de probabilidade. Um teorema bem conhecido da teoria das probabilidades diz que a probabilidade de um acontecimento complexo que é o produto de dois acontecimentos independentes é dada pelo produto das probabilidades desses acontecimentos. No nosso caso, temos uma probabilidade elevada à potência dois. Quais são os dois acontecimentos

independentes associados a um eletrão que têm a mesma probabilidade? Um eletrão é uma partícula que possui carga eléctrica e massa que estão coladas uma à outra num ponto. Assim, os candidatos naturais para esses dois acontecimentos são acontecimentos que permitem encontrar uma carga eléctrica e uma massa semelhantes a um ponto num determinado local do espaço.

O conceito de tempo oculto baseia-se na ideia de que o tempo, visto como um conjunto de momentos temporais, tem um número cardinal superior ao contínuo. É fácil ver que um número cardinal superior ao contínuo significa também mais do que uma dimensão do tempo. Toda esta abordagem parece um compromisso entre as perspectivas clássicas e as da mecânica quântica. O preço a pagar por este compromisso é a aceitação de uma estrutura mais complexa do tempo. E o bónus é a conservação do realismo e da localidade.

3.3Interpretação da teoria das cordas

As leis da física poderiam ser formuladas em termos do princípio da ação mínima *S.* Mais uma vez, vemos claramente que a ideia proposta por Euler é extremamente frutuosa (por exemplo, ver §1.1). A ação é um funcional, um integral de um Lagrangiano apropriado

$$S = \int L dt,$$

onde a integração é efectuada sobre *t*, uma variável temporal. A teoria das cordas é uma direção moderna de investigação. O objetivo desta construção teórica é unir todos os tipos de forças físicas conhecidas, nomeadamente a forte, a fraca, a electromagnética e a gravitacional, numa única teoria. Esta teoria ainda não está terminada, mas já demonstra algumas tendências interessantes.

Na teoria das cordas, uma unidade elementar de construção é uma corda, um objeto unidimensional, ao contrário da física clássica em que o bloco de construção é uma partícula elementar com dimensão zero. Uma das formas de ação, que é utilizada para explicar a propagação de uma corda no espaço-tempo, é a ação de Nambu-Goto [8]

$$S = -\frac{T_0}{c}\int d\sigma d\tau \sqrt{(\dot{X}\cdot X')^2 - (\dot{X})^2(X')^2},$$

onde $X \cdot Y = \eta_{\mu\nu} X^\mu Y^\nu$ e o parâmetro T_0 é uma tensão na corda. O nosso interesse na equação escrita acima são duas variáveis, nomeadamente a e T. Tendo em conta a interpretação da função de onda dada anteriormente e a definição de ação clássica, é natural chamar-lhes variáveis temporais. De acordo com a nossa interpretação, a sua missão é explicar o tempo com um número cardinal maior (maior do que o contínuo), pelo que uma variável já não é suficiente.

No quadro da teoria das cordas, a generalização das cordas é designada por brana. Assim, uma partícula é uma o-brana, uma corda é uma 1-brana, uma membrana é uma 2-brana e assim por diante. Atualmente, a teoria moderna trabalha com p-branas. Do nosso ponto de vista, isso significa que a realidade tem uma estrutura temporal ainda mais complexa.

3.4Perspectivas da teoria de tudo

A teoria das cordas é vista como uma teoria de tudo. Depois de estar finalmente concluída, começa a

era dourada. Pensem nisso! Todos os acontecimentos físicos deixam de ser um mistério (mesmo a supercondutividade a alta temperatura), tornam-se claros e previsíveis. Toda a matéria está sob controlo e é utilizada para aumentar o bem-estar das pessoas. Conhecemos o passado, o presente e o futuro do nosso universo. E, já agora, respondemos nesta linha a uma questão importante para muitas pessoas: se Deus existe ou não existe, e até onde é que ele faz isso.
Parece demasiado bom, não é? Infelizmente, há alguns argumentos que atestam que a construção de uma teoria de tudo é possível[6,9] , devido aos teoremas de Kurt Godel (ver Fig. 3.2) sobre a incompletude.

Figura 3.2: Kurt Godel (1906-1978)

A questão é que os teoremas da incompletude demonstram que, em qualquer teoria axiomática, existe uma afirmação que não pode ser provada como verdadeira ou falsa. Suponhamos que se constrói uma teoria de tudo, depois consideremos esse mesmo facto cuja correção está suspensa. Em física, nestas circunstâncias, podemos sempre fazer uma experiência e perguntar diretamente à mãe natureza. Perguntámos e obtivemos uma resposta. Como consequência, verificamos que a previsão da teoria se desvia da realidade. Obviamente, isso significa que a nossa teoria não é uma teoria de tudo.
A questão natural a colocar é a de saber como evoluirá a ciência física no futuro, tendo em conta os teoremas da incompletude. Parece que só é possível um sucesso restrito. Os físicos serão capazes de interpretar apenas uma área restrita de factos, com um certo número de postulados que constituem o núcleo da realidade compreendida. Para incluir na imagem do nosso mundo mais dados, é necessário acrescentar novos princípios ao núcleo.
Recordar a teoria da relatividade especial de Einstein. Para avançar, Einstein acrescentou ao postulado já existente da relatividade galileana um novo, relativo à velocidade constante da luz no vácuo. Este é um paradigma de como a ciência avança, aumentando o número de postulados. Como se recorda, um postulado é uma afirmação que é tomada como verdadeira sem provas. Assim, a quantidade de factos incluídos na teoria, mas não explicados por ela, irá aumentar e este processo nunca irá parar.

Capítulo 4

Computação quântica

4.1 A computação quântica em poucas palavras

Nos últimos tempos, os computadores quânticos e a computação quântica são um tema quente. Algumas pessoas pensam que o algoritmo quântico executado num computador quântico é uma panaceia para resolver todos os problemas de processamento eficaz da informação. Um pioneiro da produção industrial de computadores quânticos é a empresa canadiana D-Wave (ver Fig. 4.1 com uma imagem do seu computador quântico).

Figura 4.1: Vantagem do computador quântico (https://www.dwavesys.com)

Atualmente, a produção de hardware e software neste domínio é uma indústria multibilionária. E muitos gigantes da indústria investem fortemente neste negócio, como empresas como a Google, a IBM, a Microsoft, a Intel, a Amazon, etc. Centremo-nos agora no funcionamento de um computador quântico e no que lhe confere uma vantagem potencial em relação ao seu homólogo convencional.

O nosso ponto de partida é considerar uma célula de memória convencional de dois bits. Como se recorda, um bit é um sistema que só pode guardar um valor 0 ou 1. Assim, o sistema de dois bits pode encontrar-se em qualquer um de quatro estados, nomeadamente

$$00, 11, 10, 01.$$

A medida da informação que pode ser guardada em dois bits é dada por uma função logarítmica de um número de estados potenciais de um sistema. No nosso caso de dois bits, a quantidade de informação é $\log_2 4 = 2$.

O análogo de dois bits de memória clássica são dois qubits de memória quântica. Uma função de onda para este sistema físico tem o seguinte aspeto

$$\Psi = C_1|00\rangle + C_2|11\rangle + C_3|10\rangle + C_4|01\rangle, \tag{4.1}$$

em que c_1, c_2, c_3, c_4 são coeficientes da função de onda sujeitos à condição de normalização

$$|C_1|^2 + |C_2|^2 + |C_3|^2 + |C_4|^2 = 1.$$

Estes coeficientes em geral são os números complexos. Os seus valores são apenas limitados pela condição de normalização acima descrita. O processamento de informação num sistema deste tipo significa transformar os coeficientes de uma função de onda.

Relativamente aos cálculos quânticos, há algumas palavras inteligentes. São elas: densidade de informação, paralelismo e emaranhamento. Se olharmos para a definição da função de onda Eq.(4.1), podemos ver facilmente do que se trata. Uma maior densidade de informação significa um maior número de estados em que esta célula de memória pode permanecer em comparação com a convencional (∞ versus 4). O paralelismo é a capacidade de processar alguns estados da célula de memória em simultâneo. Os estados emaranhados são um subconjunto especial de um conjunto completo de estados de uma célula de memória.

Estamos agora em boa posição para compreender como é que um computador quântico processa a informação, que está codificada em C_i , i = 1, 2, 3, 4 coeficientes na Eq.(4.1). O esquema geral de cálculo é o seguinte (mais uma vez, o exemplo é o de dois qubits), em que a matriz A obedece à condição $A^+ = A^{-1}$ (matriz unitária), que é um requisito das leis da mecânica quântica. Os conjuntos de coeficientes C_i^{in} e C_i^{out} representam os dados iniciais e os dados após o processamento, respetivamente. O que é apresentado pela Eq.(4.2) é um computador quântico em forma matemática.

$$\begin{pmatrix} C_1^{out} \\ C_2^{out} \\ C_3^{out} \\ C_4^{out} \end{pmatrix} = \begin{pmatrix} A_{11} & A_{12} & A_{13} & A_{14} \\ A_{21} & A_{22} & A_{23} & A_{24} \\ A_{31} & A_{32} & A_{33} & A_{34} \\ A_{41} & A_{42} & A_{43} & A_{44} \end{pmatrix} \begin{pmatrix} C_1^{in} \\ C_2^{in} \\ C_3^{in} \\ C_4^{in} \end{pmatrix}, \qquad (4.2)$$

onde a matriz $\hat{A}$ obedece à condição $\hat{A}^+ = \hat{A}^{-1}$ (matriz unitária), que é uma exigência das leis da mecânica quântica. Os conjuntos de coeficientes Ciin e Ciout representam os dados iniciais e os dados após o processamento, respetivamente. O que é apresentado pela Eq.(4.2) é um computador quântico em forma matemática.

A matriz $\hat{A}$ natural para nomear como um algoritmo quântico. E isso é verdade, exceto por um pormenor. Normalmente o algoritmo quântico ou programa para computador quântico é uma matriz $\hat{A}$, apresentada como um produto de N operações elementares (matrizes de menor dimensão)

$$\hat{A} = G_1 \otimes G_2 \otimes \ldots \otimes G_N.$$

O número de operações elementares N cresce com a dimensão dos dados iniciais. Se uma parte deste crescimento for polinomial no número de qubits, dizemos que o nosso algoritmo é eficaz.

4.2Factorização de números inteiros

Desde Euclides que é sabido que qualquer número inteiro pode ser apresentado como um produto dos seus factores primos, por exemplo 12 = 2 - 2 - 3. Os algoritmos dos computadores convencionais para efetuar esta expansão não são eficazes para números grandes. É precisamente esta ineficácia que constitui a pedra angular do algoritmo de encriptação RSA. É por isso que foi tão interessante ver o aparecimento de um algoritmo quântico mais eficaz para a factorização de números inteiros proposto por P. Shor[10] .

O nosso próximo passo é construir uma matriz para o algoritmo de Shor para o caso simples de quatro funções de base. Vamos atribuir quatro funções de base $|1\rangle$, $|2\rangle$, $|3\rangle$, $|4\rangle$ para os números inteiros 1,2,3,4 respetivamente. Para encontrar os coeficientes da matriz A do algoritmo, temos dezasseis equações:

$$\hat{A}\vec{x}_1 = \vec{x}_1$$
$$\hat{A}\vec{x}_2 = \vec{x}_2$$
$$\hat{A}\vec{x}_3 = \vec{x}_3$$
$$\hat{A}\vec{x}_4 = \vec{x}_2$$

Onde

$$\vec{x}_1 = \begin{pmatrix} 1 \\ 0 \\ 0 \\ 0 \end{pmatrix}, \vec{x}_2 = \begin{pmatrix} 0 \\ 1 \\ 0 \\ 0 \end{pmatrix}, \vec{x}_3 = \begin{pmatrix} 0 \\ 0 \\ 1 \\ 0 \end{pmatrix}, \vec{x}_4 = \begin{pmatrix} 0 \\ 0 \\ 0 \\ 1 \end{pmatrix}.$$

Quando a matriz $\hat{A}$ actua sobre os vectores $\vec{x}_1, \vec{x}_2, \vec{x}_3$, não os altera. Isto corresponde ao facto de os números inteiros 1, 2, 3 serem primos. No caso do número 4, o resultado da ação do algoritmo é um número 2, porque este número é apresentado como 4 = 2 - 2. É fácil de ver que a solução das equações acima escritas tem o seguinte aspeto

$$\hat{A} = \begin{pmatrix} 1 & 0 & 0 & 0 \\ 0 & 1 & 0 & 1 \\ 0 & 0 & 1 & 0 \\ 0 & 0 & 0 & 0 \end{pmatrix}$$

Podemos facilmente observar que a matriz escrita acima não é unitária. O que é que isso significa? Parece que o algoritmo de Shor não é um algoritmo quântico puro. É por isso que não é dado por uma matriz unitária. De facto, se consultar o seu artigo[10] , encontrará alguns lugares nas suas especulações onde ele efectua alguns cálculos de forma clássica, deixando para os cálculos quânticos apenas as coisas que não podem ser feitas eficazmente de outra forma.

4.3 Algoritmo quântico como operador

É importante notar que a existência de um algoritmo quântico garante a existência de uma matriz unitária de qualquer dimensão. É correto dizer que um algoritmo quântico é algo em comum que um conjunto infinito de matrizes de várias dimensões tem. Na mecânica quântica, esse gerador de matrizes chama-se operador, e cada matriz é uma representação do operador numa base finita apropriada.

Assim, podemos formular um teorema, para o algoritmo quântico, sendo necessária e suficiente a existência de um operador unitário. A suficiência é óbvia. De facto, se temos um operador, encontrar a sua representação matricial não é um grande problema. A necessidade é também bastante fácil de provar, porque a matriz de maior dimensão é construída a partir da matriz de menor dimensão, bastando acrescentar novos elementos de matriz aos antigos, como mostra a Fig. 4.2.

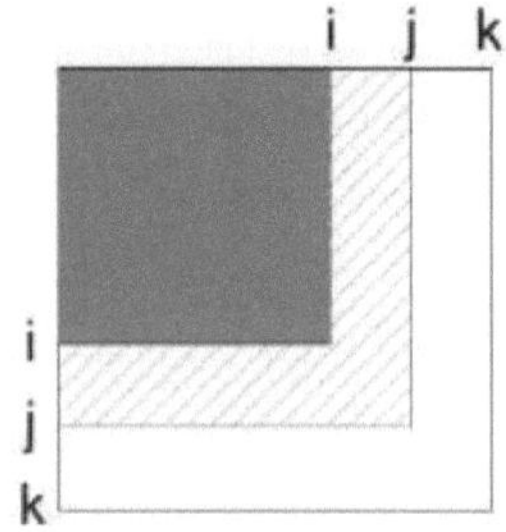

Figura 4.2: São representadas três matrizes, duas das quais são construídas uma sobre a outra. A primeira é constituída por elementos de matriz com índices de 1 a i. A segunda é alargada a partir da primeira, adicionando elementos de matriz com índices de $i + 1$ a j. E, finalmente, a terceira matriz é uma extensão da segunda, a ser alargada por elementos de matriz com índices de $j + 1$ a k.

Em geral, toda a construção é uma representação matricial de algum operador. E este operador aparentemente existe, porque existe a sua representação matricial numa base qualquer. O operador em questão é unitário, porque todas as matrizes que o compõem possuem essa propriedade.

Depois de termos descoberto que o algoritmo quântico é equivalente ao operador unitário, vamos falar das suas propriedades e da eficácia do algoritmo quântico em geral. Os números próprios λ_i de um operador unitário $\hat{S}$ são, em geral, números complexos na condição λ_i | = 1. Dado $\hat{S}$, é possível construir outro operador com as mesmas funções próprias, mas com um conjunto diferente de valores próprios, como mostra a fórmula seguinte

$$\hat{S} - \sum_i (\lambda_i - w_i) |i\rangle \langle i| ,$$

em que λ_i é um número próprio antigo, w_i é um número próprio novo e $|i\rangle$ é o vetor próprio correspondente. Assim, se tivermos um operador, podemos obter uma quantidade infinita de operadores com o mesmo conjunto de funções próprias, mas com diferentes conjuntos de valores próprios.

Um caso especial de operador unitário é um operador ortogonal $\hat{U}$, que obedece à seguinte caraterística $\hat{U}^T = \hat{U}^{-1}$. . Os valores próprios do operador ortogonal são ± 1. Suponhamos que temos um algoritmo quântico dado por um operador ortogonal e que nos interrogamos sobre a sua eficácia. Em seguida, escolhemos como funções de base um conjunto de funções próprias do nosso operador. Então, nesta representação particular, o trabalho do computador quântico é dado pela equação

$$|out\rangle = \hat{U} |in\rangle ,$$

em que $|in\rangle$ são os dados de entrada $|out\rangle$ é o resultado do cálculo e $\hat{U}$ é uma matriz do nosso algoritmo, com forma diagonal e valores próprios na diagonal principal. O facto de os valores próprios serem iguais a ± 1. significa que os coeficientes da função de onda dos dados iniciais mudam de sinal ou permanecem inalterados. Vê-se claramente que a eficácia do algoritmo é especificada pelo número de valores próprios negativos. Para além disso, com esta abordagem, uma operação elementar (mudar o sinal) aparece naturalmente.

4.4 Algoritmo do oscilador harmónico

Neste parágrafo, vamos investigar um exemplo de algoritmo quântico para ilustrar as ideias escritas acima. Na mecânica quântica, a evolução de qualquer sistema físico no tempo obedece à equação de Schrodinger dependente do tempo

$$\hat{H}\Psi(t) = i\hbar\frac{\partial}{\partial t}\Psi(t),$$

onde $\hat{H}$ é um Hamiltoniano do sistema. Esta equação pode ser reescrita na forma

$$\Psi(t) = \hat{S}\Psi(t) = e^{-\frac{i\hat{H}t}{\hbar}}\Psi(t),$$

onde $\hat{S}$ é um operador unitário de evolução. O objetivo do nosso interesse é um algoritmo quântico que tem lugar quando um Hamiltoniano é escolhido para ser o Hamiltoniano de um oscilador harmónico de uma dimensão

$$\hat{H} = -\frac{\hbar^2}{2m}\frac{d^2}{dx^2} + \frac{1}{2}m\omega^2 x^2,$$

em que ω é a frequência angular do oscilador. O conjunto dos valores próprios é então dado pela fórmula [1]

$$E_n = \hbar\omega\left(n + \frac{1}{2}\right),$$

em que $n = 0, 1, 2 \ldots \infty$, e $n = 0$ correspondem ao estado fundamental. Para excluir a constante de Planck *h* e a variável temporal *t* das equações, vamos igualá-las à unidade.

Se escolhermos $\omega = 2\pi$, então o operador de evolução $\hat{S}$ tem todos os valores próprios iguais a -1 e, consequentemente, transforma-se no operador unitário *I*, o que deixa quaisquer dados iniciais inalterados. Se escolhermos $\omega = \pi$, o operador de evolução $\hat{S}$ tem valores próprios 1 ou -1, consoante o número quântico principal *n seja par* ou ímpar (aqui omitimos uma fase geral -*i*). Este exemplo demonstra como podemos brincar com o algoritmo quântico, adaptando-o à funcionalidade que pretendemos. Ao mesmo tempo, não é claro o que o algoritmo faz, exceto no caso de um operador unitário. Tendo em conta a nossa capacidade de alterar facilmente os valores próprios, podemos ajustar o nosso algoritmo para realizar uma tarefa específica e fazê-lo eficazmente.

Capítulo 5

Nanofabricação

5.1 Litografia por feixe de electrões

A palavra litografia é constituída por duas palavras de origem grega que significam, em conjunto, escrever na pedra. Por pedra, no caso da litografia, entende-se uma pastilha de silício (ver Fig. 5.1). A verdade é que a nossa civilização precisa de computadores cada vez mais potentes. Esta tendência manifesta-se na famosa lei de Moore, segundo a qual o número de transístores num circuito integrado duplica de dois em dois anos.

Figura 5.1: Bolacha de semicondutor.

O fabrico de circuitos integrados é um processo altamente complexo, com várias etapas. Uma das etapas é a própria litografia. Os pormenores das estruturas fabricadas são tão pequenos que, por vezes, se utiliza a palavra nano-litografia para designar a tecnologia (*nm* = 10-9m = *10/1*). Na prática, a litografia é utilizada para fazer trincheiras ou fendas na superfície de uma bolacha de silício. Dado que a dimensão da fenda pode ser de alguns nanómetros, devem ser aplicados dispositivos e tecnologias especiais e refinados. No caso da litografia por feixe de electrões (EBL), para fazer uma fenda num determinado local da superfície da bolacha são necessárias, grosso modo, quatro etapas[11,12,13]. São elas o fabrico de uma camada de resistência de polímero na superfície de uma bolacha, a aplicação de um feixe de electrões e, em seguida, o desenvolvimento de uma resistência. O último passo é a aplicação de um processo de gravação por plasma para criar uma trincheira. O plasma destrói uma grande quantidade de silício no local que não está protegido por uma camada de resistência.

Normalmente, a resistência é um polímero. As moléculas de qualquer polímero são constituídas por muitos monómeros, são literalmente cadeias de monómeros (ver Fig. 5.2). As resistências podem ser de tons positivos e negativos. Os electrões do feixe de electrões quebram as cadeias de polímeros em pequenos pedaços para a resistência de tom positivo. São estes destroços que são removidos mais tarde pelo revelador, dando acesso à superfície de uma pastilha. No caso das resistências de tom negativo, o efeito da aplicação do feixe de electrões é o oposto, favorece a criação de ligações poliméricas.

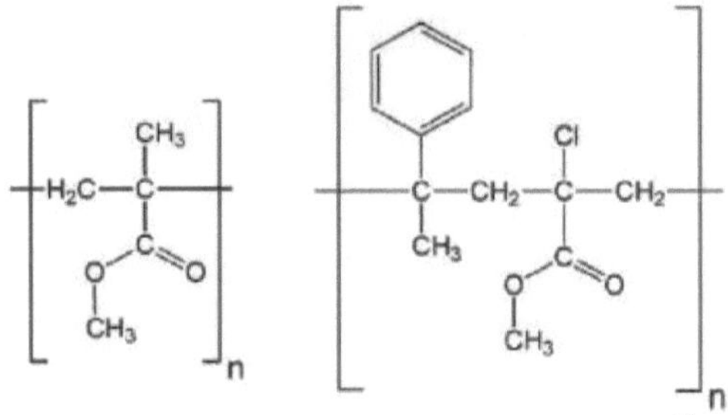

Figura 5.2: Estruturas dos polímeros PMMA e ZEP. [12]

Os polímeros PMMA e ZEP são normalmente utilizados como resistências de tonalidade positiva. Vale a pena mencionar aqui que uma determinada resistência é normalmente utilizada com o seu homólogo revelador do tipo ácido. Existem muitos tipos de resistências no mercado. Têm propriedades diferentes (por exemplo, sensibilidade, tonalidade, energia de ativação) e são aplicadas em várias tarefas de fabrico. A sua produção é uma parte importante da indústria de fabrico de microchips.

O fabrico de um microchip é um processo bastante dispendioso. É por isso que os engenheiros que trabalham neste ramo de atividade desejam dispor de ferramentas de software especiais para a previsão do resultado do fabrico. Preferem jogar com vários parâmetros de fabrico antecipadamente, de modo a encontrar uma variante óptima. Nos parágrafos seguintes, iremos compreender como estes instrumentos de modelação estão organizados para o processo EBL.

Dois processos principais a modelar em relação à EBL são a interação do feixe de electrões com o polímero da resistência e a dissolução do polímero pelo revelador. Será dada especial atenção à extensão do modelo de desenvolvimento para explicar a rugosidade de uma linha de grelha. É conveniente investigar as propriedades de uma determinada resistência, com a ajuda de uma estrutura tão simples como uma grelha (ver Fig. 5.3).

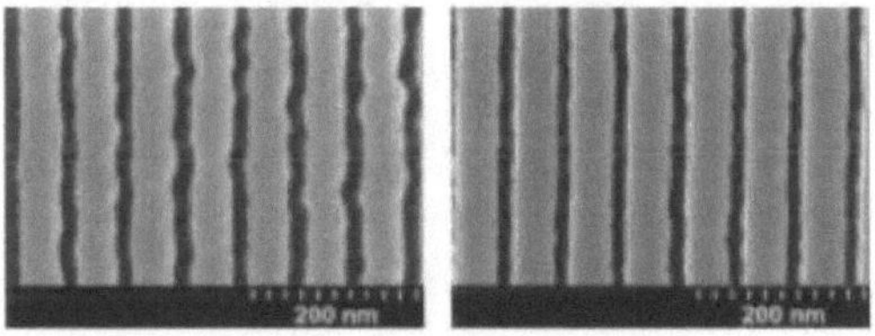

Figura 5.3: Micrografias electrónicas de varrimento de grelhas ZEP-520 com 70 nm de passo e 60 nm de espessura, expostas a 10 keV e reveladas durante 5 s em ZED-N50. [13]

Os programas de computador que simulam o EBL fornecem as suas previsões sob a forma de imagens, gráficos e tabelas registadas com números (ver Fig. 5.4 e Fig. 5.5).

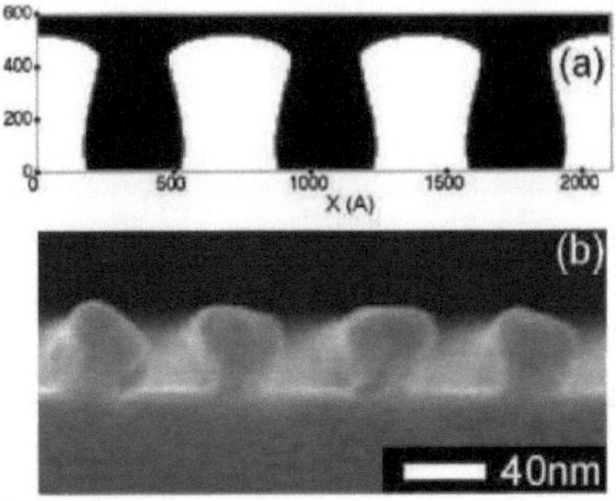

Figura 5.4: Comparação dos perfis de secção transversal simulados (a) e experimentais (b). [11]

Como dados de entrada, os programas de modelação utilizam a fórmula química da resistência, a espessura da camada de resistência, a energia dos electrões no feixe de electrões, o tempo e a temperatura de desenvolvimento, o material da bolacha, a topologia de uma estrutura a desenvolver, etc. São muitos os parâmetros a ajustar para obter um resultado perfeito. As experiências no laboratório com diferentes combinações destes parâmetros tecnológicos seriam inaceitavelmente dispendiosas. É por isso que recorremos à modelação.

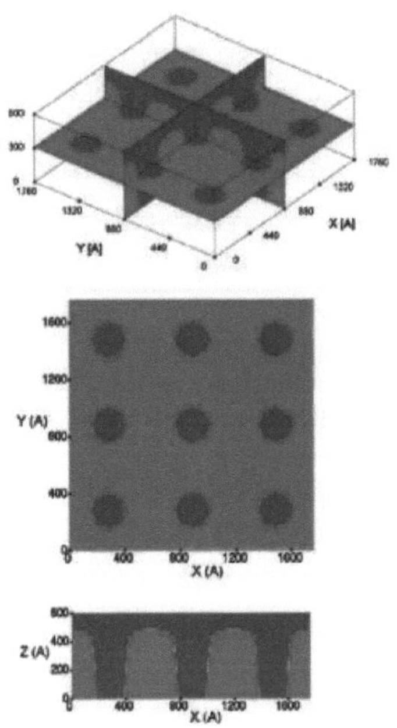

Figura 5.5: Resultado da aplicação de software para modelação do perfil de desenvolvimento 3D de um padrão periódico. [11]

Os modelos concebidos para simular a EBL são essencialmente semi-empíricos. Por outras palavras, utilizam as características do material obtidas de forma experimental (não ab initio).

5.2Modelo de dispersão de electrões

No feixe EBL, os electrões com uma energia inicial especificada, que é um parâmetro do processo, atravessam o material resistente. Ao atravessar o polímero, os electrões do feixe interagem com os electrões do material resistente. Estas interacções podem ser de dois tipos, nomeadamente dispersão elástica e inelástica. A dispersão elástica não faz com que um eletrão perca a sua energia. Apenas altera a direção do seu movimento. Ao contrário da dispersão elástica, a inelástica altera tanto a energia como a direção do movimento. Qualquer eletrão que viaje num determinado material pode experimentar ambos os tipos de interação. Os acontecimentos de dispersão são aleatórios e especificados pela sua própria probabilidade. Do ponto de vista da ciência física, toda a informação sobre o processo de dispersão está contida numa função de secção transversal. Como os processos são aleatórios, falamos de distribuição de características, como a distribuição de probabilidade de cisão, a distribuição de energia, etc. O método mais poderoso para calcular essas distribuições é o método de Monte Carlo (ver Fig. 5.6), que tem o nome do famoso local de jogo. Para aplicar o método de Monte Carlo, é necessário conhecer o comprimento do caminho livre e a secção transversal dos acontecimentos.

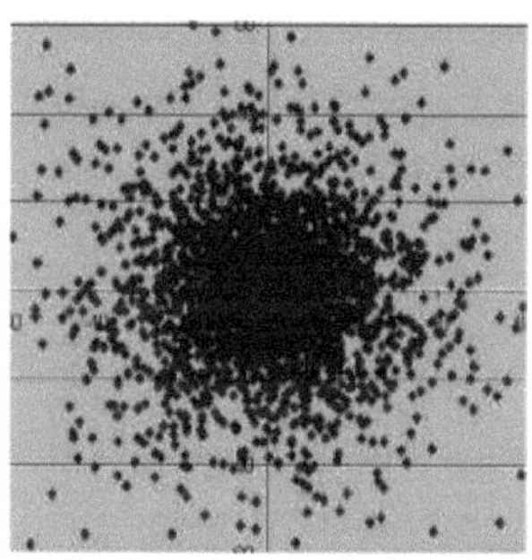

Figura 5.6: Os diamantes marcam os locais onde as partículas atingem a placa do detetor, exemplo de cálculo pelo método de Monte Carlo. A imagem completa é o resultado da dispersão de um feixe estreito de electrões em meios uniformes. Como consequência da dispersão, os electrões com a mesma direção de movimento e energia desviam-se do seu caminho inicial e atingem uma placa detectora em vários locais. Quanto mais tentativas de electrões fizermos através do material, mais simétrica será a imagem (distribuição de probabilidade das localizações dos electrões no plano do detetor) que recebemos.

Todo o processo de aplicação da abordagem de Monte Carlo consiste em algumas etapas. Em primeiro lugar, lançamos um dado para descobrir o caminho que um eletrão percorre livremente sem qualquer colisão. No final desta viagem, ocorre um evento de dispersão. Voltamos a lançar o dado e ficamos a saber em que direção o nosso eletrão prossegue e quanta energia perde se o evento de dispersão for inelástico. Em seguida, repetimos as acções acima mencionadas até que o nosso eletrão experimental se livre finalmente da sua energia. Em seguida, estes passos são aplicados ao próximo eletrão experimental e assim por diante. É normal ter centenas de milhares de partículas de ensaio para formar uma distribuição de boa qualidade.

Descrevemos os processos elásticos através de uma secção transversal de colisão elástica de Rutherford[14] filtrada. Para os eventos de dispersão inelástica, utilizamos a secção transversal de Gryzinsky[15] . Os processos de dispersão inelástica são eventos de colisão binária, onde é gerado um eletrão secundário, e que são acompanhados por perdas de energia inelásticas. Assim, a energia do eletrão antes da colisão, reduzida pela energia de ionização, é dividida em duas partes geralmente desiguais entre os dois electrões resultantes. As colisões inelásticas só podem ter lugar se a energia do eletrão inicial antes da colisão for superior à energia de ionização. As perdas por ionização inelástica dependem da estrutura da resistência. Todos os electrões no material são classificados em electrões do núcleo de uma determinada camada e electrões de valência. Os electrões de valência são, por sua vez, divididos num grupo responsável pela quebra da ligação da cadeia principal e em todos os outros electrões de valência. A secção transversal total[12] utilizada é,

$$\mu(E) = \sum_i N_i\sigma_i(E) = N_{Rutherford}\sigma_{Rutherford}(E) \qquad (5.1)$$
$$+N_{Gryzinsky,1s-shell}\sigma_{Gryzinsky,1s-shell}(E) + \ldots,$$

em que N_i é a densidade numérica de electrões para a secção transversal correspondente, e *ci (E)* é uma secção transversal apropriada para acontecimentos de dispersão elástica elementar (Rutherford) ou inelástica (Gryzinsky). A densidade de número de electrões é

$$N_i = \frac{k_i \rho N_A}{M},$$

em que k_i é o número de electrões de um determinado grupo por monómero da resistência envolvido num determinado processo de dispersão, ρ é a densidade da resistência, N_A é o número de Avo- gadro e, finalmente, M representa a massa molar de um monómero.

5.3Modelo de dissolução de polímeros

Tendo obtido uma probabilidade de distribuição da taxa de cisão, pode aplicar-se um esquema de dissolução para modelar o desenvolvimento da resistência. Um desses modelos é o modelo local de três parâmetros[13] de dissolução de polímeros. O desenvolvimento da resistência exposta pode ser descrito pela equação

$$\frac{dz}{dt} = \frac{D(z)}{z}, \qquad (5.2)$$

em que *t é o* tempo de dissolução, *z* é a profundidade atingida no tempo *t* e a difusividade efectiva $D(z)$ é dada por

$$D(z) = cp^{\alpha}(z)d^{\alpha}exp\left(-\frac{\Delta U}{kT}\right),$$

em que d é a dose, p(z) é o rendimento das cisões da cadeia principal por eletrão na profundidade z, c é um coeficiente de proporcionalidade e ΔU é uma energia de ativação. O parâmetro α na fórmula da difusividade efectiva determina a dependência da difusividade com a exposição e pode ser considerado como uma caraterística do contraste da resistência. Derivámos equações simples que permitem a determinação de alguns dos parâmetros utilizando as curvas de contraste experimentais recolhidas para diferentes temperaturas e tempos de revelação. É possível mostrar que os parâmetros do modelo na equação de dissolução estão relacionados através das seguintes fórmulas [13]

$$\Delta U = \frac{\alpha k T_1 T_2}{T_1 - T_2} \ln \left(\frac{d_2 \sqrt[\alpha]{\Delta t_2}}{d_1 \sqrt[\alpha]{\Delta t_1}} \right), \qquad (5.3)$$

e para temperaturas iguais temos

$$\alpha = \frac{\ln(\Delta t_1 / \Delta t_2)}{\ln(d_2/d_1)}. \qquad (5.4)$$

A aplicação da fórmula escrita acima para parametrizar o modelo é ilustrada na Fig. 5.7.

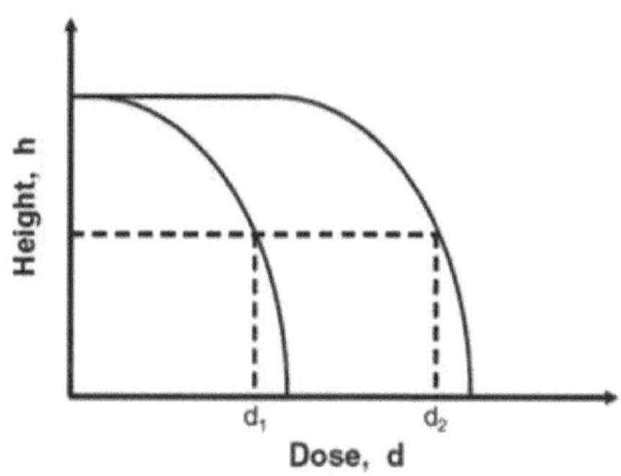

Figura 5.7: O esquema que ilustra a aplicação da Eq.(5.3) e da Eq.(5.4) para extrair os parâmetros do modelo a partir de curvas de contraste experimentais. As doses são tomadas à mesma altura *h*. A altura está relacionada com a profundidade de dissolução *z* por $h = 1 - z/z_{max}$.

Uma observação engraçada é que a Eq.(5.3) e a Eq.(5.4) permitem obter os parâmetros do modelo a e AU diretamente a partir das curvas de contraste sem qualquer referência aos detalhes de modelação das características do polímero.

5.4 Efeito das flutuações

A otimização da rugosidade da borda da linha (LER) e da rugosidade da largura da linha (LWR) é fundamental para o fabrico de estruturas e dispositivos à escala nanométrica por litografia de feixe de electrões. Normalmente, um código de modelo de cisão fornece ao utilizador uma distribuição contínua da probabilidade de cisão; a multiplicar pela dose, obtém-se uma distribuição contínua de cisão. Esta distribuição contínua da probabilidade de cisão é recebida numericamente no caso limite em que a dose ou o número de electrões irradiados chega ao infinito. Esta distribuição é muito semelhante à distribuição de equilíbrio em mecânica estatística.

Aparentemente, na prática, lidamos com doses finitas e, consequentemente, uma distribuição de equilíbrio pode ser apenas uma aproximação à realidade, mais ou menos boa, dependendo de condições particulares. Por outro lado, é evidente que, para explicar efeitos como o LER e o LWR (ver Fig. 5.3 para um exemplo do efeito), é necessário introduzir na distribuição de equilíbrio alguma perturbação aleatória que possa ser comparada com as flutuações da mecânica estatística. Em alguns trabalhos, esta ideia é aplicada indiretamente, onde são utilizados alguns modelos adicionais para este fim, implementações deste tipo introduzem a estrutura detalhada da resistência a nível molecular (ver livro[16] e referências ao mesmo). A principal diferença entre a nossa abordagem e as anteriores é a forma como introduzimos um elemento estocástico na distribuição da probabilidade de cisão. A nossa abordagem é mais formal. Por um lado, baseia-se na ideia de ligação química e, por outro, evita a modelação da microestrutura detalhada da resistência, o que a torna aplicável a uma variedade de resistências de tom positivo. A vantagem adicional do nosso método é a economia de tempo e de memória do computador. [17]

Supõe-se que todo o espaço ocupado pela camada resistente é convencionalmente preenchido por uma grelha tridimensional que forma um conjunto de células cúbicas com um comprimento lateral de *1* nm (esta dimensão é um parâmetro do modelo de dissolução e o seu valor pode ser escolhido arbitrariamente pelo utilizador). O número de ligações quebradas em cada célula pode ser apresentado sob a forma $n = N + x$, em que N é um número inteiro de ligações quebradas e x é a fração restante de ligações quebradas na célula. Vale a pena mencionar aqui que $x < 1$ por definição. Para introduzir uma perturbação aleatória na distribuição, utilizamos a ideia de que um número real de ligações quebradas em cada célula só pode ser inteiro. De acordo com esta ideia, modificamos uma parte fraccionada para uma parte inteira do seguinte modo

$$\tilde{x} = \begin{cases} 1, & p = x \\ 0, & p = 1 - x \end{cases}, \qquad (5.5)$$

onde p é a probabilidade de uma determinada substituição. Para ilustrar o funcionamento de um modelo, escolhemos uma grelha periódica com um passo de 60 *nm* e uma largura de *60* nm, colocada numa bolacha de Si. A energia de exposição dos electrões é de *10keV* e a amostra foi revelada durante *55 horas* com o revelador ZED-N50 a uma temperatura de 22°C. A Fig. 5.8 apresenta um exemplo de distribuição de cisão contínua para a grelha em questão, obtida por simulação de Monte Carlo.

Na Fig. 5.9 pode ver-se o resultado da dissolução onde não é introduzido qualquer elemento estocástico; a posição da interface entre o revelador e a resistência é estritamente definida

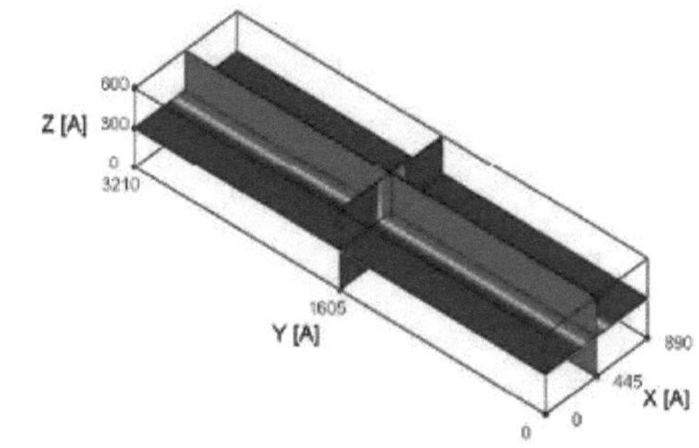

Figura 5.8: Exemplo de uma distribuição contínua de cisões num segmento de uma grelha periódica com um passo de *60* nm numa camada de resistência ZEP-520A num substrato de Si. A cor vermelha corresponde a um rendimento de cisão elevado e a azul a um rendimento baixo. O tamanho do segmento 3D da estrutura periódica utilizado para o cálculo é de 321 *nm* x *60nm x 89nm*. A energia de exposição dos electrões é de *10keV*.
em qualquer momento do processo de dissolução.

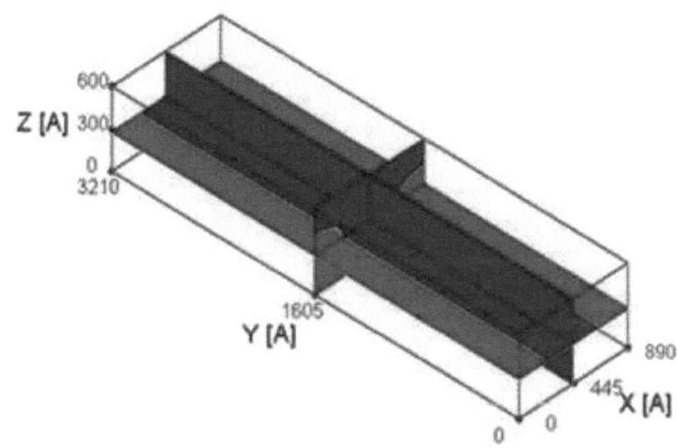

Figura 5.9: Exemplo do perfil de desenvolvimento calculado num segmento de uma rede periódica com um passo de *60* nm na resistência ZEP-520A sem flutuações. As cores azul e verde representam áreas total ou parcialmente desenvolvidas em conformidade, e a cor vermelha indica uma área totalmente não desenvolvida.

A introdução de um elemento estocástico (flutuações fornecidas pela Eq.(5.5)) na distribuição da cisão produz um efeito radical. A interface entre o revelador e a resistência desaparece; transforma-se numa estrutura muito complexa que nada tem a ver com uma superfície lisa; todo o processo de dissolução, neste caso, é uma percolação do revelador através da resistência. Como resultado desta percolação, obtém-se uma estrutura tipo esponja (como mostra a Fig. 5.10)

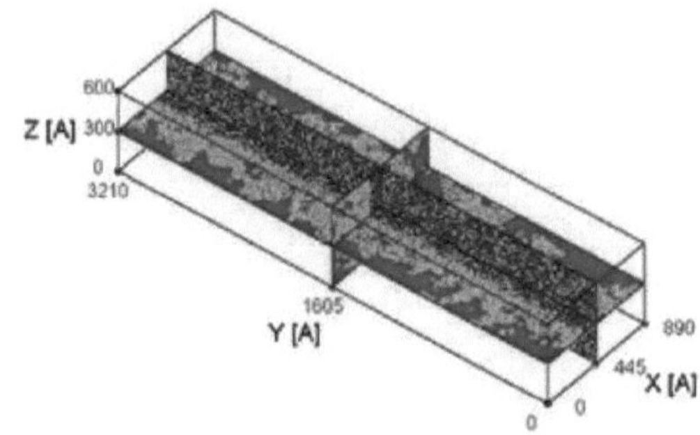

Figura 5.10: Exemplo do perfil de desenvolvimento calculado num segmento de uma rede periódica com um passo de *60* nm na resistência ZEP-520A com flutuações. As cores azul e verde representam áreas total ou parcialmente desenvolvidas, respetivamente, e o vermelho indica uma área totalmente não desenvolvida.

As Fig. 5.11 e Fig. 5.12 apresentam as dependências da largura da linha (LW) e da LER em relação à dose, simuladas para uma grelha periódica. É fácil ver que o gráfico para a LW consiste convencionalmente em três segmentos, dois não lineares (para doses inferiores a 100 *pC/cm* e superiores a 220 *pC/cm*) e um linear em que a LW varia proporcionalmente à dose.

A investigação experimental de uma amostra de grelha semelhante mostra a janela de dose para a amostra de 100 *pC/cm* para o limite mínimo de dose até *200pC/cm* para o limite máximo de dose, o que corresponde ao colapso. A parte linear do gráfico LW pode ser utilizada para uma estimativa dos limites da janela de dose para a grelha. Isto é especialmente atrativo tendo em conta que o colapso é um efeito muito complexo, mas não há nenhuma ideia especial para explicar o seu mecanismo nas nossas especulações.

Como se pode ver, a Fig. 5.12 apresenta a dependência da dose para LER. No seu conjunto, o gráfico tem uma forma parabólica com um mínimo na dose de 160 *pC/cm*, que corresponde aproximadamente ao meio do segmento linear do gráfico LW. Esta simples dependência da dose de LER abre a possibilidade de otimizar a dose para o fabrico da grelha. A nossa previsão de LER de 1,*28* nm para a dose de *100pC/cm* está em boa concordância com a nossa experiência de referência[13] , que dá 1,*3* nm de LER para ZEP exposto em condições semelhantes. Mais

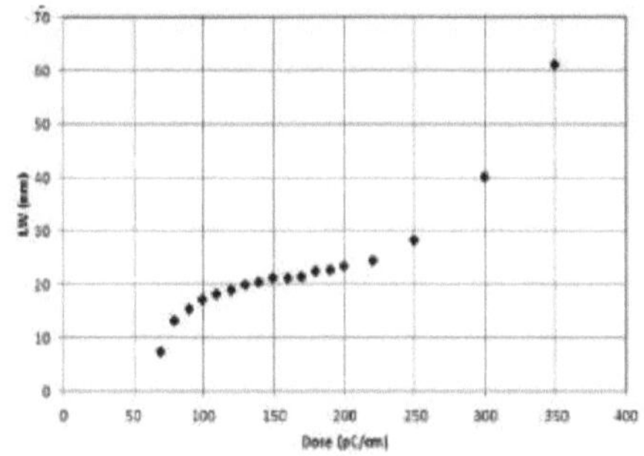

Figura 5.11: Largura da linha em função da dose de linha calculada para a grelha periódica na resistência ZEP com flutuações.

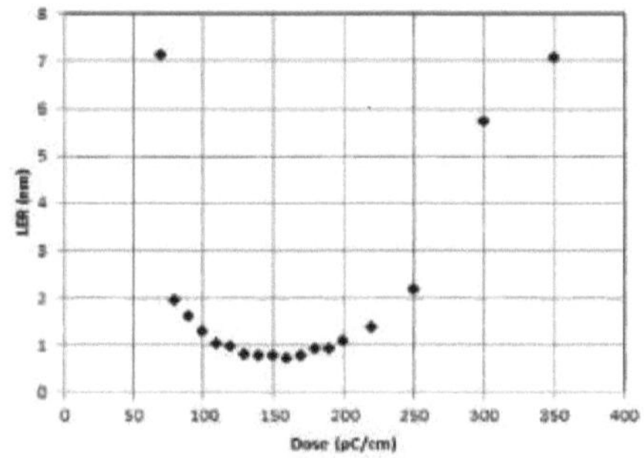

Figura 5.12: Rugosidade da extremidade da linha (o desvio padrão) em função da dose para a grelha periódica em ZEP.

mostra que a LER e a LWR são totalmente não correlacionadas, o que significa que a relação bem conhecida para os desvios-padrão é aplicável.

Capítulo 6

Variação alfa

6.1 Constantes fundamentais

Atualmente, o problema da variação da constante de estrutura fina (designada por *a)* é de grande interesse para muitos cientistas. [18] Na verdade, a própria ideia de que as constantes fundamentais que estão incorporadas em a podem variar parece invulgar e muito apelativa. Uma das direcções da investigação é comparar a luz emitida por átomos em galáxias remotas com a emissão semelhante dos átomos no laboratório. A luz que viaja muitos anos-luz de tão longe é bastante "velha". Isto significa que para o seu fabrico são utilizadas constantes fundamentais desactualizadas. É por isso que, comparando duas versões do mesmo espetro, os físicos esperam encontrar qualquer alteração no seu valor, se é que ela realmente ocorreu no passado.

Para extrair informação sobre a variação $\alpha = e^2/\hbar c$ dos dados experimentais atómicos são necessários os chamados coeficientes de sensibilidade ou factores q para as frequências de transição. Em geral, o fator-qu é apenas uma derivada da frequência de transição sobre uma das constantes fundamentais, como a velocidade da luz no vácuo *c*, a constante de Planck *h* ou a carga elementar *e*. O cálculo dos factores-qu é uma tarefa difícil no caso geral. É geralmente efectuado através da diferenciação numérica das energias.

Há três constantes fundamentais que constituem alfa. Elas não entram aí em igualdade de circunstâncias. Mesmo que sejam alteradas pela mesma quantidade, a sua contribuição particular para o desvio de alfa é diferente. Esta caraterística pode provocar um efeito de mascaramento da contribuição da variação da constante fundamental particular por outras. As constantes fundamentais podem alterar-se, mas devido ao efeito de mascaramento *a não se* altera e, consequentemente, as linhas espectrais não são deslocadas. Este facto e a peculiaridade de que a precisão do cálculo do fator q não é ideal torna extremamente atual a tarefa de encontrar a sua relação analiticamente.

6.2 Factores q ab initio

O nosso ponto de partida é uma equação de Dirac estacionária para um átomo qualquer. Tomemos o Hamiltoniano relativista $\hat{H}$ do sistema atómico na forma[4,19]

$$\hat{H} = \hat{h}_1 + \hat{h}_2 + \hat{h}_3, \qquad (6.1)$$

Onde

$$\hat{h}_1 = \sum c(\vec{\alpha} \cdot \vec{p}),$$
$$\hat{h}_2 = \sum \left[\frac{e^2}{r_{12}} - \frac{e^2}{2} \left(\frac{(\vec{\alpha}_1 \cdot \vec{\alpha}_2)}{r_{12}} + \frac{(\vec{\alpha}_1 \cdot \vec{r}_{12})(\vec{\alpha}_2 \cdot \vec{r}_{12})}{r_{12}^3} \right) \right] - \sum \frac{e^2 Z}{r},$$
$$\hat{h}_3 = \sum mc^2 \beta.$$

O termo $\hat{h}_1$ corresponde à energia cinética do sistema de electrões, o termo $\hat{h}_2$ apresenta a interação de Coulomb dos electrões com o núcleo atómico e a interação interelectrónica (tanto de Coulomb como de Breit) entre os electrões e, finalmente, o termo $\hat{h}_3$ é o termo da massa de repouso. Aplicando o teorema de Hell-Mann-Feynman ao elemento diagonal da matriz do Hamiltoniano Eq.(6.1), obtém-se facilmente

$$c\frac{\partial\langle\hat{H}\rangle}{\partial c} = \langle\hat{h}_1\rangle + 2\langle\hat{h}_3\rangle,$$
$$\hbar\frac{\partial\langle\hat{H}\rangle}{\partial\hbar} = \langle\hat{h}_1\rangle, \qquad (6.2)$$
$$e^2\frac{\partial\langle\hat{H}\rangle}{\partial e^2} = \langle\hat{h}_2\rangle.$$

Vamos introduzir as definições $q_c = c\frac{\partial\langle\hat{H}\rangle}{\partial c}$, $q_\hbar = \hbar\frac{\partial\langle\hat{H}\rangle}{\partial\hbar}$ e $q_e = e^2\frac{\partial\langle\hat{H}\rangle}{\partial e^2}$ para o fator de velocidade q_c, a constante de Planck q_h e o fator de carga elementar q_e, respetivamente. Como consequência das fórmulas Eq.(6.1) e Eq.(6.2) temos a relação para os nossos factores q

$$\langle\hat{H}\rangle = \frac{1}{2}(q_c + q_\hbar) + q_e. \qquad (6.3)$$

O teorema virial permite obter

$$\langle\hat{h}_1\rangle = -\langle\hat{h}_2\rangle = q_\hbar = -q_e. \qquad (6.4)$$

Como resultado das equações Eq.(6.2), Eq.(6.3) e Eq.(6.4) temos

$$\langle\hat{H}\rangle = \langle\hat{h}_3\rangle. \qquad (6.5)$$

Tomando em consideração as fórmulas Eq.(6.2), Eq.(6.5) e as definições dos factores q, podemos facilmente obter para o fator qc

$$q_c = q_\hbar + 2E, \qquad (6.6)$$

onde $E = \langle\hat{H}\rangle$ é a energia de um estado de referência. É fácil ver que as fórmulas para os factores q dadas acima são válidas não só para um determinado fator q de um nível de energia, mas também para a diferença dos factores q (fator q de transição). Neste último caso, é necessário transformar o termo E na Eq.(6.6) numa frequência de *transição.*

Bibliografia

1. V.A. Fock. *The Beginnings of Quantum Mechanics (em russo)*. Ciência, Moscovo, 1976.
2. E. Engel e R. M. Dreizler. *Teoria do Funcional da Densidade: Um Curso Avançado*. Springer, 2011.
3. M. Brack. *Phys. Rev. D.*, 27:1950, 1983.
4. L. Labzowsky et al. *Relativistic Effects in the Spectra of Atomic Systems*. IOP, Bristol e Filadélfia, 1993.
5. K. V. Koshelev. *arXiv:0811.3912*, 2008.
6. Kirill Koshelev. *Interpretação da Teoria do Funcional da Densidade*. Lambert Academic Publishing, 2018.
7. J. Bell. *Physics*, 1(3):195, 1964.
8. Barton Zwiebach. *A First Course in String Theory [Um Primeiro Curso de Teoria das Cordas]*. Editora da Universidade de Cambrige, 2003.
9. Marcus Chown. *Porque é que uma teoria de tudo pode nunca ser possível - ou ter alguma utilidade*. BBC Science Focus, 2021.
10. P. W. Shor. Algoritmos de tempo polinomial para factorização de primos e logaritmos discretos em computadores quânticos. *Actas do 35º Simpósio Anual sobre Fundamentos da Ciência da Computação*, página 124, 1994.
11. M. Stepanova et al. *J. Vac. Sci. Technol. B*, 28(6):C6C48, 2010.
12. Kirill Koshelev et al. *J. Vac. Sci. Technol. B*, 29(6):06F306-1, 2011.
13. Mohammad Ali Mohammad et al. *Jornal Japonês de Física Aplicada*, 51: 06FC05, 2012.
14. D. C. Joy. *Monte Carlo Modeling for Electron Microscopy and Microanalysis*. Oxford University Press, Oxford, 1995.
15. M. Gryzinsky. *Phys. Rev.*, 138:336, 1965.
16. M. Stepanova e S. Dew (eds.). *Nanofabrication*. Springer-Verlag, Viena, 2012.
17. G.P. Patsis et al. *European Polymer Journal*, 46:1988, 2010.
18. J.-P. Uzan. *Reviews of Modern Physics*, 75:403, 2003.
19. K. V. Koshelev. *arXiv:0707.1146*, 2007.

MIX
Papier aus verantwortungsvollen Quellen
Paper from responsible sources
FSC® C105338

Printed by Books on Demand GmbH, Norderstedt / Germany